EDITION | PORSCHE FAHRER

CONSTANTIN BERGANDER | FABIAN HOBERG | FOTOS: PETER BESSER

MYTHOS PORSCHE RS

ENTWICKLUNG | GESCHICHTE | TECHNIK

HEEL

IMPRESSUM

HEEL Verlag GmbH
Gut Pottscheidt
53639 Königswinter
Telefon 0 22 23 / 92 30-0
Telefax 0 22 23 / 92 30 26
Mail: info@heel-verlag.de
Internet: www.heel-verlag.de

VERANTWORTLICH FÜR DEN INHALT

Constantin Bergander
Fabian Hoberg
mit Fotos von Peter Besser

LEKTORAT

Sven Wedemeyer, www.wheelsofstil.de

FOTONACHWEIS

Peter Besser, Fabian Hoberg, Constantin Bergander, Jonas Seidel, Steven Raunheimer, Dieter Rebmann (S. 104-105), Marc Urban, Unternehmensarchiv Porsche AG, Archiv HEEL Verlag, Archiv SLICKPIX (S. 83 oben)

LITHOGRAPHIE, SATZ & GESTALTUNG

Astrid Kalandrik, Bonn,
www.akalandrik-design.com

Printed in Slovenia

ISBN: 978-3-96664-543-0

EDITION | PORSCHE FAHRER

CONSTANTIN BERGANDER | FABIAN HOBERG | FOTOS: PETER BESSER

MYTHOS PORSCHE RS

ENTWICKLUNG | GESCHICHTE | TECHNIK

HEEL

INHALT

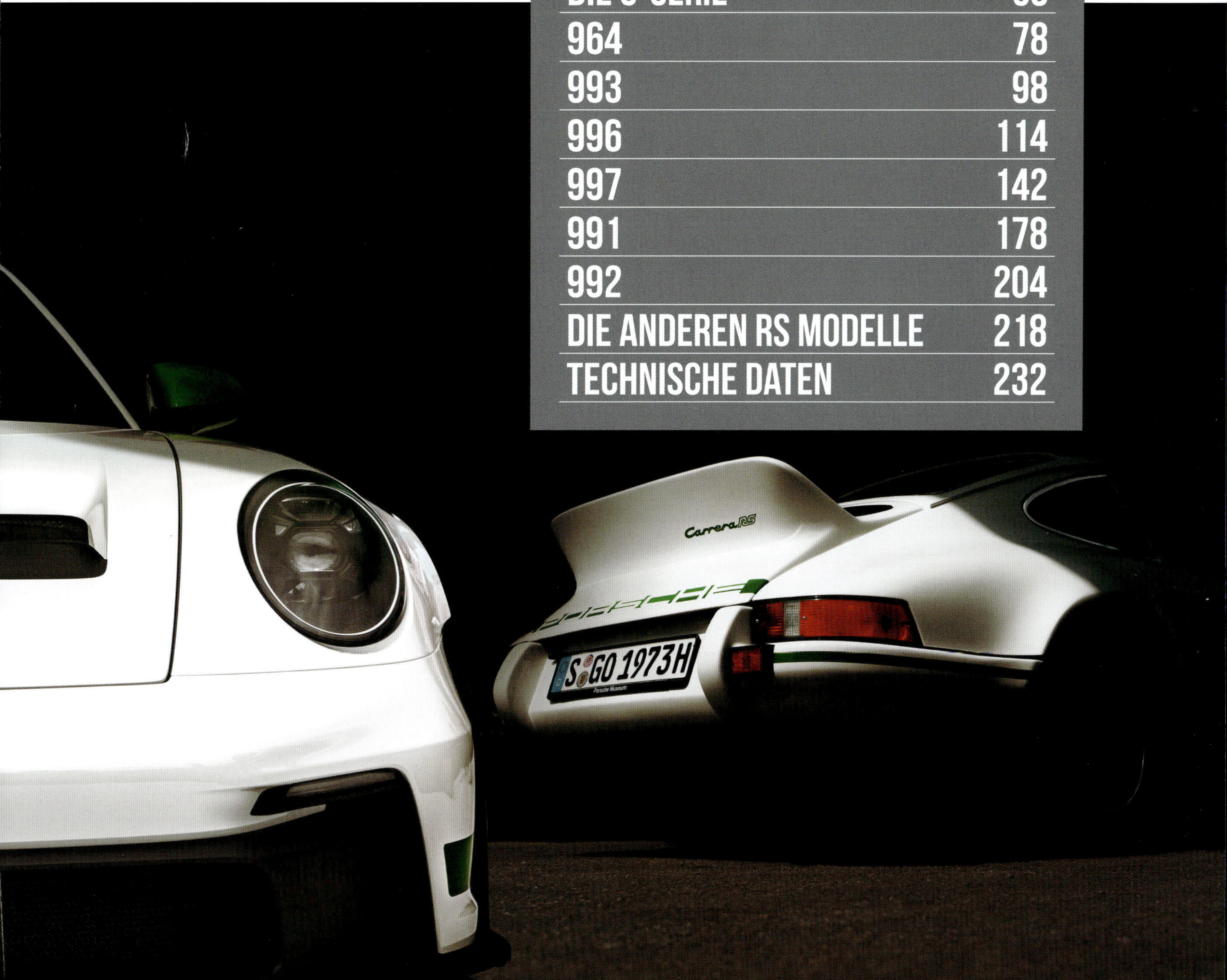

EDITORIAL

Liebe Porsche-911-Fahrer, -Fans und -Freunde,

was „RS" bei Porsche bedeutet, lässt sich auf viele Arten erleben. Wir finden, die aufregendste (und vermutlich beste) ist folgende: Mit einem Rennfahrer am Lenkrad, am liebsten Walter Röhrl, Helmen auf den Köpfen und einer Rennstrecke unter den Reifen. Als Freunde der dynamischen Fortbewegung geben wir zwar prinzipiell ungern das Steuer aus der Hand, machen dafür aber bei Profis gerne eine Ausnahme. Zumal „der Lange" das Erlebnis RS mit seinem unerreichten Erfahrungsschatz fabelhaft ergänzen kann.

Während der Recherche für dieses Buch haben wir RS intensiv mit jeder Faser des Körpers erlebt. Im Porsche Archiv, wo wir interessantes und aufschlussreiches Material aus sieben Dekaden sammelten, um Geschichte und Kommunikation möglichst detailgetreu zu rekonstruieren. In zeitgenössischen Zeitschriften, die die Autos präzise einzuordnen vermochten. In stundenlangen Telefonaten mit Entwicklern und Designern, die Teil der RS-Geschichte sind. Und natürlich am und im Auto – selbstverständlich stets uneigennützig und ausschließlich aus wissenschaftlichem Interesse.

Besonders viel Spaß gemacht hat es uns, mit denen zu sprechen, die für RS bei Porsche verantwortlich waren und sind. Sie arbeiten mit derart viel Begeisterung und Liebe zum Auto, dass sie sich selbst Jahrzehnte später noch an Details, Erlebnisse, Zitate, Anekdoten und Arbeitsschritte erinnern – und sogar den Ursprung der 911 Carrera RS 2.7 auf den Tag genau bestimmen können. Immerhin ist das mehr als 50 Jahre her.

In diesem Buch haben wir all das Weitergegebene, Aufbewahrte, Vermittelte, Geschriebene und Erlebte zusammengefasst, um einen vielseitigen Einblick in Porsches 911 RS-Welt zu ermöglichen. Denn mit seinen asketischen Fahrzeugen setzt der Hersteller seit Jahrzehnten den Maßstab für dynamische Straßenautos.

An dieser Stelle möchten wir all jenen danken, die das möglich gemacht haben. Das sind Frank Jung und Jens Torner aus dem Porsche Archiv, Astrid Böttinger, Kuno Werner und Kai Roos aus dem Porsche Museum, Jonas Bierschneider von der Porsche-Presseabteilung und die RS-Experten August Achleitner, Jürgen Barth, Hermann Burst, Tilman Brodbeck, Peter Falk, Harm Lagaaij, Walter Röhrl, Roland Kussmaul und Andreas Preuninger. Ohne ihre Unterstützung wäre das Buch nicht möglich gewesen.

Außerdem danken wir Peter Besser, Jonas Seidel und Steven Raunheimer für fabelhafte Fotos, Björn Tolksdorf und Timo Friedmann für ihren Feinschliff am Text sowie Sarah Schröder für ihre Unterstützung. Wir wünschen viel Spaß bei der Lektüre!

Fabian Hoberg & Constantin Bergander im Herbst 2022

Constantin Bergander

Fabian Hoberg

PROLOG

GT3 RS
RS

Die Idee zum 911 Carrera RS 2.7 entsteht, als ein 911 T in Kurven zu langsam ist: Ohne Heckflügel produziert der 911 viel Auftrieb. Vor allem in Kurven ist das heikel. Ernst Fuhrmann beauftragt 1972 die Entwicklung von Optimierungen, weil er seinen 911 beim Internationalen DMV-Pokal-Rennen in Hockenheim verlieren sieht.

Ernst Fuhrmann hat einen schlechten Tag. Als er am 14. Mai 1972 an den Hockenheimring reist, begegnen ihm Regen und Kälte. Nur wenige Motorsportfans sind mit ihm an der Strecke, um den traditionellen „Hockenheim Mai-Pokal" live zu erleben. Einige bleiben zu Hause, weil die Veranstaltung auf den Muttertag fällt. Andere gehen früher, weil es auf den Zuschauerplätzen schlicht zu nass ist.

Fuhrmann denkt nicht daran zu gehen, denn er will sein Auto siegen sehen. Die brandneue Deutsche Rennsport-Meisterschaft (DRM), ein früher Vorläufer der späteren DTM, lädt zum zweiten Rennen der Saison. Als Sprecher der Geschäftsführung bei Porsche schaut Fuhrmann ganz genau hin, wie sich der Porsche 911 T auf der Hausstrecke seines Arbeitgebers schlägt.

Er erlebt ein spannendes Rennen. Hans-Joachim Stuck startet auf der Pole Position, verpasst aber den Start. Er muss sich und seinen Ford Capri RS 2600 von der dritten Position wieder nach vorn arbeiten. Klaus Fritzinger, ein privater Rennfahrer, unterwegs im Vorjahres-Capri, ist ein harter Gegner. Stuck schafft es trotzdem zurück an die Spitze, siegt mit knappem Vorsprung. Und das, obwohl sein Sechszylinder-Motor das gesamte Rennen nur auf fünf Zylindern läuft.

All das interessiert Fuhrmann nicht. Denn während drei Ford-Teams auf das Treppchen fahren, läuft es für Porsche schlecht. Unternehmer und Rennfahrer Hartmut Kautz schafft es mit seinem 911 nur auf Rang sechs. Der einzige Elfer im Feld fährt der Menge hinterher. Eine Blamage. Fuhrmann weiß: Motorsport ist die Seele von Porsche. Wenn die Seele leidet, dann geht es meistens auch dem Körper nicht gut.

Es ist nicht überliefert, wie genau Fuhrmann nach dem Rennen auf die Pleite reagiert. Ob er seine Mitarbeiter wütend anraunzt oder sie ruhig anspricht. Es liegt aber die Macht der Chefetage in seiner Stimme, als er die anwesenden Porsche-Ingenieure fragt: „Woran liegt das?" Sie haben keine Antwort. Ratlose Gesichter. Und dicke Luft in der Boxengasse.

Am 14. Mai 1972 trägt Hockenheim unter anderem einen Lauf der neu geschaffenen Deutschen Rennsportmeisterschaft aus. Im Regen dominiert Stuck auf Ford, Porsche patzt.

AUS DER NIEDERLAGE ENTSTEHT EIN GEWINNER

Überliefert ist hingegen, wie es weitergeht. Denn unmittelbar nach dem enttäuschenden Rennsonntag beginnt bei Porsche die Entwicklung einer künftigen Legende. Fuhrmann veranlasst Änderungen am Porsche 911, um das Auto konkurrenzfähig zu machen – und initiiert damit die Konstruktion und den Bau des 911 Carrera RS 2.7.

Er gibt ein Lastenheft und eine kurze Beschreibung für künftige Modifikationen des 911 in Auftrag. Seine Entwickler widmen sich in den folgenden Wochen und Monaten dem Leichtbau, der Aerodynamik und der Leistungssteigerung.

Diese Bausteine begründen eine langjährige Tradition der 911-Baureihe. Die Lettern RS stehen fortan für ganz besondere Elfer. Für jene Derivate, die näher an der Strecke sind als an der Straße. Denen Geschwindigkeit wichtiger ist als Gelassenheit, die Leichtigkeit vor Luxus stellen. RS bedeutet Renn Sport – so die offizielle Schreibweise.

Mit dem 550 Spyder erringt Porsche 1954 den Klassensieg und erzielt den dritten Gesamtrang bei der Carrera Panamericana gegen die hubraumstärkere Konkurrenz.

Im Oktober 2022 jährte sich zum 50. Mal die Geburt dieses ersten 911 RS mit dem auffälligen Entenbürzel und den seitlichen Carrera-Schriftzügen. Seine Ahnen entwickeln in den folgenden Jahrzehnten das Erbe mit dem kontinuierlichen Streben nach besseren Fahrleistungen weiter. Dabei übernehmen nicht alle seine Lehren. Aber sie übertreffen sich mit jeder Generation.

DIE RS-GESCHICHTE

Lange bevor Fuhrmann den 911 zum RS weiterentwickeln lässt, tragen andere Porsche die Lettern RS. Der erste ist im Jahr 1953 der 550 Spyder RS, ein federleichter Renner, der nicht nur auf der Rennstrecke Ruhm erlangt. Auf ihn folgt 1957 der 718 RS, in verschiedenen Ausführungen, aber stets handlich, leicht und stark. Die Autos siegen in etlichen Klassen.

Die größten Motorsporterfolge feiert die Marke Porsche mit dem 917. Er gewinnt zwei Mal die Sportwagen-Weltmeisterschaft, bevor ihn das Reglement ausschließt. Ein ebenbürtiger Ersatz kommt aus finanziellen Gründen nicht in Frage. Stattdessen schickt Porsche den 911 auf die Rennstrecke. Er muss erst im Kundensport scheitern, um dann unsterblich zu werden.

DER ERSTE PORSCHE RS: PORSCHE 550 1500 RS SPYDER CARRERA

Die Porsches RS-Historie beginnt lange vor dem legendären Zweisiebener. Schon im Oktober 1953 zeigt der Hersteller beim Pariser Autosalon sein erstes RS-Modell. Dort parkt ein offener Sportwagen, ein Spyder. Porsche nennt ihn 550 1500 RS Spyder Carrera. Er wird der erste, speziell für den Renneinsatz entwickelte Sportwagen des Herstellers, den Kunden auf öffentlichen Straßen fahren können. Beim Porsche 356 ist es noch andersherum. Mit dieser Besonderheit wird der 550 1500 RS zur Blaupause aller künftigen RS-Modelle.

Kurios: Umgangssprachlich verliert dieses Auto seine ikonenhaften Beinamen. Im Volksmund heißt er schlicht Porsche 550. Dabei ist das eigentlich nur die Registerkarte in der Namensgebung: Er ist schlicht die 550. Konstruktion des Autobauers. Wer wie ein nüchterner Beamter über das Auto spricht, der verschluckt das 1500 (Hubraum in Kubikzentimeter), das RS (Renn Sport), das Spyder (offener Wagen) und das Carrera (entliehen von der Carrera Panamericana). Also alles, was ihn eigentlich ausmacht.

START MIT 78 PS

Zunächst kann der Porsche 550 sein Versprechen vom großen Sport für die Straße kaum einlösen. In ihm arbeitet ein frisierter Motor des Porsche 356 mit selbst damals bescheidenen 78 PS. Anders als in seinem Spender sitzt er nun vor der Hinterachse, das Getriebe dahinter. Der Vierzylinder arbeitet zwar zuverlässig, aber er ist eben kein hochdrehender, standhafter Rennmotor. Zudem fehlt es ihm an Leistung für den Motorsport. Porsche-Ingenieur Dr. Ernst Fuhrmann, der spätere Porsche-Chef, erhält daher bereits 1952 die Aufgabe, ein Hochleistungstriebwerk zu entwickeln.

Fuhrmann gilt als Mann des schnellen Gaswechsels, der spontanen Motorcharakteristik. Das Thema seiner Doktorarbeit an der Universität lautet: „Ventiltrieb bei schnell laufenden Verbrennungsmotoren“. Was er entwickelt läuft herrlich schnell. Sein neuer Motor, der Typ 547, dreht am 2. April 1953 erstmals auf dem Prüfstand. Dort leistet er 110 PS bei 7.800 U/min.

RS STEHT FÜR RENN SPORT

Schon ein Jahr später setzt er den Motor in Rennwagen ein. Der 1,5-Liter-Vierzylinder-Boxer-Motor besitzt zwei Nockenwellen pro Zylinderbank, angetrieben von Königswellen, mit Doppelzündung, zwei Zündspulen und zwei Verteilern. Er leistet nun 117 PS bei 7.800 U/min. Ein reinrassiger Rennmotor, der für Großserienautos zu anspruchsvoll ist. Dennoch wird er zur Keimzelle der Porsche-Erfolge der nächsten Dekade.

Der Porsche 550 gibt sein Renndebüt allerdings noch mit einem anderen Antrieb. Im Sommer 1953 startet er als erstes Auto mit Heck-Mittelmotor beim 24-Stunden-Rennen von Le Mans. Ausgerüstet mit einem frisierten 1,5-Liter-VW-Motor fahren Richard von Frankenberg und Paul Frère auf einen achtbaren 15. Platz. Direkt hinter ihnen: Rennlegende Hans Herrmann und Helmut Glöckler, ebenfalls auf Porsche. Die Autos belegen sogar den ersten und zweiten Platz im Klassement bis 1.600 Kubikzentimeter. Ein erster, hoffnungsvoller Achtungserfolg. 1954 baut Porsche den Fuhrmann-Motor endlich in den 550 Spyder. Vier Gänge übertragen die Kraft auf die Hinterräder, ein Sperrdifferenzial sorgt für ausreichend Traktion in Kurven. Bis zu 220 km/h schnell fährt die nur 550 Kilogramm leichte Flunder. Der Rahmen des 550 Spyder besteht aus verschweißten Rohren, die Karosserie aus Leichtmetall in selbsttragender Verbundbauweise. Vom 550 Spyder entstehen 14 Werks- und 70 Kundenwagen. 33 davon gehen in die USA. Der Neupreis auf dem Heimatmarkt Deutschland: 24.600 Mark. Damit ist der Sportwagen fast doppelt so teuer wie ein Porsche 356, der wiederum so viel kostet wie zwei VW Käfer. Ab 1956 optimiert Porsche im 550 A Rahmen und Antrieb. Von ihm stellt Porsche ab 1956 sieben Werks- und 33 Kundenwagen her, wovon 17 in die USA gehen. Insgesamt baut Porsche nach eigenen Angaben bis 1957 nur 124 Exemplare des 550 Spyder. Andere Quellen berichten von 144 Fahrzeugen.

184
S-KN 213
44

Mit dem 718 RS 60 Spyder gewinnt Porsche unter anderem 1960 die Targa Florio.

DER 718 RS UND SEINE NACHFOLGER

Als Porsche den 550 im Jahr 1957 ablöst, erkennen dies nur Eingeweihte. Sein Nachfolger, der 718 RSK, unterscheidet sich optisch fast nicht vom Vorgänger. In ihm steckt nun allerdings deutlich schnellere Technik. Er ist leichter, besser auf der Bremse und hängt kräftiger am Gas. Wieder ist es Fuhrmanns Carrera-Motor, der den wildesten Straßen-Porsche seines Jahrgangs bewegt. Zum Produktionsstart erhält der Antrieb eine sanfte Leistungssteigerung auf 148 PS. 1958 folgen größerer Hubraum (1,6 Liter) und erneut mehr Kraft (160 PS).

Das Auto entwickelt sich während seiner fünfjährigen Bauzeit entsprechend den Regularien der FIA weiter. Für das Jahr 1960 fordert die Motorsportbehörde mehr Alltagsnutzen, zum Beispiel mehr Reichweite, mehr Platz und bessere Sicht. Porsche vergrößert daraufhin Tank, Kofferraum und Frontscheibe. Fortan beseitigt ein innenliegender Scheibenwischer im offenen Auto Gischt oder Kondensat vom Glas. Die Leistung bleibt, der Fokus auf den Motorsport ebenso. Aber Optik und Name verändern sich. Zum Start des neuen Jahrzehnts heißt der Wagen 718 RS 60 Spyder.

56 Jahre später bezeichnet *auto motor und sport* das 60er-Modell als „die perfekte Mensch-Maschine-Einheit“. Weil er nichts an Ballast mitschleppt, was nicht unbedingt notwendig ist. Und weil sich seine Passagiere präzise zwischen Stahlrohrgeflecht und Polster einklinken können. Eigenschaften, die den kleinen, leichten und wendigen Rennwagen zu Erfolgen im Motorsport verhelfen. Porsche Spyder gewinnen zwischen 1958 und 1961 sowie zwischen 1963 und 1965 jeweils die Europameisterschaften im Bergrennen.

FUHRMANN-FINALE IM 904

Auch der 718-Nachfolger, der 904 aus dem Jahr 1963, fährt mit einem abgewandelten Carrera-Triebwerk, nunmehr mit zwei Litern Hubraum und 180 PS Leistung. Nach rund zehn Jahren Evolution erreicht der Fuhrmann-Motor seinen Leistungszenit. Wie passend, denn beim 904 handelt es sich um einen bärenstarken Rennwagen mit gut 250 km/h Höchstgeschwindigkeit. Heute ist es fast unvorstellbar, dass es davon eine kaum angepasste Version unter dem Verkaufsnamen Carrera GTS mit Straßenzulassung gibt.

Der 904 ist die logische Weiterentwicklung des RS-Gedankens – ohne dabei den berühmten Beinamen zu verwenden. Das niedrige Gewicht und die hohe Leistung zeichnen auch ihn aus. Die besondere Leichtigkeit erreichen die Entwickler des Mittelmotor-GT-Sportwagens erstmals mit einer Kunststoff-Karosserie. Die nur 100 zur Homologation geplanten Exemplare sind trotz des hohen Preises von 29.700 Deutschen Mark direkt ausverkauft.

Seinen ersten Sieg räumt der 904 1964 beim legendären Langstreckenrennen Targa Florio ab. Ein Jahr später belegen Eugen Böhringer und Rolf Wütherich mit einem 904 den zweiten Platz bei der Rallye Monte Carlo. Wütherich verbindet ein tragisches Schicksal mit der Marke Porsche. Er sitzt zehn Jahre zuvor auf dem Platz neben James Dean, als der in einem 550 Spyder tödlich in den USA verunglückt.

Als Nachfolger des 904 entsteht 1965 der 906/Carrera 6. Ihn treibt die Rennversion des Sechszylindermotors aus dem neuen 911 an. Wahlweise baut Porsche dem Sportwagen auch einen Achtzylinder-Boxermotor ein. Es wird ein leichter, schneller und

Hans Herrmann und sein Porsche 550 Spyder bei der Carrera Panamericana im Jahr 1954.

Das erste Auto mit Heck-Mittelmotor beim 24h-Rennen in Le Mans: Hans Herrmann startet 1953 an der Seine mit dem Porsche 550 Coupé.

1954 leistet der 1,5-Liter-Fuhrmann-Motor im Porsche 550 Spyder 110 PS. Das Auto läuft Tempo 220.

Ein Blick in den Porsche 550 Spyder: Zwei enge Sitzschalen, ein dünnes Lenkrad, drei Rundinstrumente und wenig Platz.

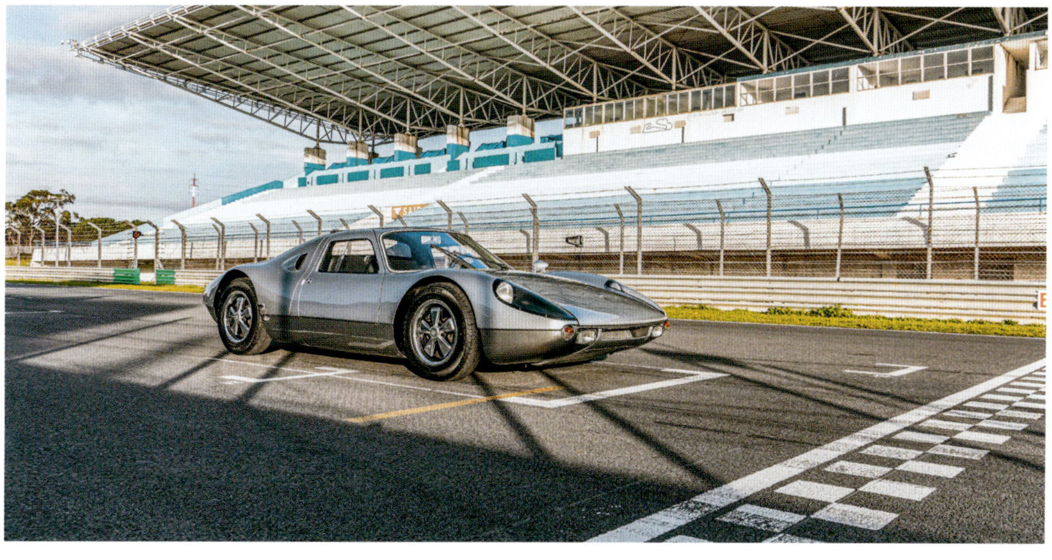

Im Porsche 904 (Straßenversion: Carrera GTS) hat der Fuhrmann-Motor seinen letzten Auftritt. Für den Einsatz in der Großserie ist er zu kompliziert.

Der Porsche 904 Carrera GTS ab 1963 ist die logische Weiterentwicklung des RS-Gedanken. Wer eines der 100 Homologationsexemplare haben möchte, muss in jenen Tagen bereit sein, gut 30.000 DM zu investieren.

Herbert Müller und Willy Mairesse siegen 1966 im Porsche 906 Carrera 6 auf der Targa Florio.

Auf dem Weg zur Rallye Monte Carlo: Eugen Böhringer und Rolf Wüterich mit ihrem Porsche 904, daneben Peter Falk und Herbert Linke im Porsche 911 2.0 Coupé.

Machtdemonstration: Helmut Marko und Gijs van Lennep gewinnen 1971 mit einem Porsche 917K die 24 Stunden von Le Mans – mit zwei Runden Vorsprung auf den Zweitplatzierten, ebenfalls ein Porsche 917 KH. Im Jahr zuvor sichern Hans Herrmann und Richard Attwood auf dem 917 KH mit der Startnummer 23 der noch jungen Firma Porsche den ersten Triumph beim Langstreckenklassiker an der Sarthe.

erfolgreicher Rennwagen mit Straßenzulassung. Es entstehen nur 80 Exemplare. Den Carrera-Motor setzt Porsche nun nicht mehr ein. Nach fast zehn Jahren ist er technisch ausgereizt. Auch im 1963 vorgestellten, ersten Porsche 911 bekommt der Motor keinen Platz. Die Herstellung für die Großserie wäre wegen der diffizilen Technik zu aufwändig und zu teuer. Die Wartungsarbeiten am Rennmotor traut Porsche wegen der komplexen Technik nur wenigen Spezialisten weltweit zu.

PORSCHE HAT NEUE RENNSERIEN IM BLICK

Ende der 1960er Jahre trumpft Porsche erfolgreich in mehreren Klassen auf. Mit enormem finanziellem Risiko nimmt der Hersteller sogar an der prestigeträchtigen Sportwagen-Meisterschaft teil. Mit Erfolg. Im Jahr 1970 erringt der Mittelmotor-Sportwagen Porsche 917 einen Gesamtsieg in Le Mans. Aus ihm wird einer der erfolgreichsten Rennsportwagen der 1970er Jahre. Allerdings kann Porsche mit ihm ab 1972 nicht länger an der Sportwagen-Meisterschaft teilnehmen. Die FIA lässt fortan maximal drei Liter Hubraum zu. Die Motoren des 917 sind zu dieser Zeit 4,9 Liter groß.

Porsche muss sich deshalb im Motorsport strategisch neu aufstellen. Der 917 fährt nun erfolgreich in der nordamerikanischen CanAm-Serie, die große Motoren erlaubt. Auf dem Heimatmarkt will der Hersteller in den breiten Kundensport einsteigen und mehr Privatfahrer an sich binden. Am besten geht das in der Deutsche Automobil-Rundstrecken-Meisterschaft (DARM). Dort dominieren allerdings die Autos von Alfa Romeo, BMW oder Ford.

1972 startet die „Große Division“ bis vier Liter Hubraum in der neuen Deutschen Rennsport-Meisterschaft (DRM) – der wichtigsten Rennsportserie Deutschlands. Alle Größen des Motorsports tummeln sich in der Gruppe 2 („verbesserte Tourenwagen“) oder in der Gruppe 4 („Sportwagen“, ab 1970 „Spezial GT-Fahrzeuge“). Hier starten mehrere BMW, Ford Capri oder Ford Escort. Porsche-Fahrer treten mit dem 911 an. Der kann jedoch bei höheren Geschwindigkeiten nicht mit der Konkurrenz mithalten. Am

14. Mai 1972 sieht das auch Ernst Fuhrmann. Und er handelt. Wenige Monate später soll aus seiner Initiative heraus der Porsche 911 Carrera RS 2.7 entstehen.

Für die FIA-Homologation der Gruppe 4 muss Porsche innerhalb von 12 Monaten 500 Fahrzeuge bauen, für den Breitensport der Gruppe 3 („GT-Fahrzeuge“) insgesamt 1.000 Exemplare im gleichen Zeitraum. Damit würde der neue Porsche 911 nicht zum reinen Straßenrennwagen, sondern zum Sportwagen mit Straßenzulassung, der auch im Rennen eingesetzt werden könnte.

PORSCHE 911

Im Jahr 1963 stellt Porsche den Nachfolger des 356 C vor. Auf der IAA in Frankfurt am Main debütiert der Porsche 901. Das 2+2-sitzige Coupé übertrifft seinen Vorgänger in fast allen Disziplinen, vor allem bei Größe, Platz und Motorleistung. Die Produktion beginnt erst im September 1964, weil das Auto bei seiner Premiere noch nicht fertig entwickelt ist. Außerdem belegt der Rennwagen 904 zunächst noch Porsches einzige Montagehalle. Bei seinem Marktstart heißt der Wagen Porsche 911. Der Grund: Peugeot besitzt die Markenrechte an dreistelligen Zahlen mit einer Null in der Mitte.

Die Idee für den 911 geht zurück auf die Mitte der 1950er Jahre. Erwin Komenda, damals Chefkonstrukteur des Karosseriebaus, skizziert 1957 zusammen mit Alexander Porsche einen möglichen Nachfolger für den 356. Porsches viersitziger Entwurf mit der Bezeichnung 754 T7 wird bis zum Prototyp entwickelt.

Ferry Porsche wünscht sich für das neue Auto einen größeren Innenraum, besteht aber nicht auf vollwertige Rücksitze. Ins Lastenheft schreibt er außerdem einen größeren Kofferraum, einen laufruhigeren Motor und eine günstigere Wartung. Vom Vorschlag seines Sohnes bleibt nur die Front. Die Karosserie wird kürzer, das Heck schmaler.

Der Nachfolger des Porsche 356 heißt zunächst Porsche 901. Das hier gezeigte Exemplar ist das letzte, das ursprünglich noch eine Null im Namen trägt.

VON ANFANG AN SECHSZYLINDER-BOXERMOTOR

Versuchsleiter Klaus von Rücker entwickelt mit Ferdinand Piëch und Hans Mezger einen luftgekühlten 2,0-Liter-Sechszylinder-Boxermotor für den 911. Das neue Aggregat soll stärker sein als die Vierzylinder des 356, aber weniger kosten als die Achtzylinder der GT-Rennwagen. Im Ergebnis verfügt er über obenliegende Nockenwellen, sieben Kurbelwellen-Hauptlager, Kettenantrieb für die Ventile und Trockensumpfschmierung – der 911-Standard für mehrere Jahrzehnte.

Der neue Boxermotor leistet 130 PS bei 6.100 U/min, bis zu 7.100 U/min verträgt er schon in der Serie. Er schiebt den 911 in 8,8 Sekunden von Null auf 100 km/h und erlaubt ihm eine Höchstgeschwindigkeit von 211 km/h. Ausgerüstet mit diesem Antrieb kostet der 911 beim Start 21.900 Deutsche Mark.

DIE MOTORSPORTKARRIERE DES PORSCHE 911

Im Januar 1965 tritt der 911 erstmals im Motorsport an. Damals am Steuer: Peter Falk, der spätere Projektleiter des 911 Carrera RS 2.7. Bei der Rallye Monte Carlo belegen er und Herbert Lange auf einem seriennahen 911 den fünften Platz. Lediglich Schalensitze, ein auf 160 PS frisierter Motor und ein kürzeres Getriebe machen den Unterschied zur Serie aus. Es folgen mehrere Motorsporterfolge bei Rallye- und GT-Meisterschaften.

1967 legt Porsche die besonders leichte Rennversion 911 R auf. Hauben, Türen, Stoßstangen und vordere Kotflügel bestehen aus leichtem Kunststoff. Vordere Seitenscheiben aus dünnerem Glas und hintere Fenster aus Kunststoff senken das Gewicht weiter. Rund 800 Kilogramm wiegt das Coupé nach der Radikalkur. Als Antrieb dient ein Boxermotor des Carrera 6 mit 210 PS. Nur 24 Fahrzeuge entstehen, alle Prototypen mit einberechnet. Dieses Auto bereitet die Porsche-Teams mental auf ein Projekt vor, das erst fünf Jahre später zum Tragen kommen wird.

MEHR HUBRAUM FÜR MEHR LEISTUNG

Ab Sommer 1969 vergrößert Porsche den Hubraum der 911-Motoren von 2,0 auf 2,2 Liter. Für die Straßenversionen bedeutet das eine Leistung von bis zu 180 PS. Das Renntriebwerk des 911 bringt es mit 2.247 Kubikzentimeter Hubraum auf 230 PS. Das Auto startet nun in der höheren GT-Klasse bis 2,5 Liter.

1971 setzt die Rennsportabteilung auf noch größere Zylinder. Die Ingenieure erhöhen den Hubraum des Boxers auf exakt 2.381 Kubikzentimeter und schöpfen rund 250 PS bei 7.800 U/min aus dem Triebwerk. Bei den 24 Stunden von Le Mans fährt ein 911 auf den sechsten Platz im Gesamtklassement und auf den ersten Platz in seiner Klasse.

1972 ziehen die Serienfahrzeuge gleich. Dort verändert Porsche aber nicht die Bohrung, sondern baut eine Kurbelwelle mit mehr Hub (70,4 statt 66 Millimeter) ein. Mit dieser Welle baut die Rennsportabteilung wiederum einen neuen Motor. Sie vergrößert die Bohrung auf 86,7 Millimeter und kommt so auf 2.494 Kubikzentimeter Hubraum. Mit einer mechanischen Direkteinspritzung leistet das Triebwerk im Porsche 911 S 2.5 rund 270 PS. Das Wettbewerbsfahrzeug für 49.000 Deutsche Mark entsteht in einer Kleinserie, um gegen die starken BMW und Ford in der GT-Klasse zu kämpfen.

Erst mit der Entwicklung des Porsche 911 Carrera RS 2.7 entsteht ein wettbewerbsfähiger 911, der sich konstant gegen andere Marken behaupten kann. „Der 911 Carrera RS 2.7 war als Homologationsfahrzeug gedacht. Es sollte ein ganz leichtes, schnelles Sportfahrzeug werden, ohne Firlefanz und viel Elektronik“, erinnert sich Peter Falk, damaliger Versuchsleiter der Serienfahrzeuge bei Porsche.

In den folgenden 50 Jahren entwickelt Porsche die RS-Idee vom Ausnahmesportler zur Submarke weiter. Stets im Fokus: Mehr Leistung, konsequenter Leichtbau, eine ausgeklügelte Aerodynamik und Renntechnik. Ein Ende dieser Geschichte ist noch lange nicht in Sicht.

Der 911 R von 1967 wiegt lediglich 800 Kilogramm. Nur 23 Exemplare des 210 PS starken Super-Porsche werden gebaut.

Zwei RS-Meilensteine: Der Porsche 911 Carrera RS 2.7 von 1972 und der Porsche 550 1500 RS Spyder Carrera von 1954.

Den Namen Carrera dürfen zunächst nur die schärfsten Derivate tragen. Später ändert Porsche die Nomenklatur.

CARRERA

Das Wort Carrera ist fest mit Porsche verbunden. Wie die Sportwagen selbst entstammt der Begriff dem Motorsport. Beim anspruchsvollen Langstreckenrennen Carrera Panamericana in Mexiko setzen die meisten Hersteller viele Jahre lang auf große Motoren in schweren Sportwagen. Porsche setzt dagegen auf kleine, drehfreudige Antriebe in leichten Fahrzeugen. Eine siegreiche Kombination.

Bei der 1953er Auflage startet Porsche mit zwei 550 Spyder. Außerdem treten zwei 550 Spyder vom Automobile Club of Guatemala mit den Fahrern Jose Herrarte und Jaroslav Juhan an. Insgesamt zehn der 192 Starter fahren Porsche. Herrarte gewinnt mit dem Prototyp Nummer 2 des 550 Spyder 1500 RS bei diesem harten Sportwagen-Weltmeisterschaftsrennen die Klasse bis 1.600 Kubikzentimeter. Im Gesamtklassement landet er auf Platz 32.

Ein Jahr später will Porsche seine Dominanz nochmal beweisen. Im Porsche 550 Spyder von 1954 steckt der neue Fuhrmann-Motor, der zuvor tausende Kilometer auf der Nordschleife des Nürburgrings in Sachen Leistung und Standfestigkeit getestet wurde. Auch bei der Mille Miglia erringt Hans Herrmann mit dem neuen Triebwerk den Klassensieg.

Bei der fünften und letzten Ausgabe der Carrera Panamericana landet Hans Hermann nach 3.077 Kilometern auf dem dritten Platz, Jaroslaw Juhan nur 36 Sekunden dahinter auf dem vierten Rang im Gesamtklassement – ein Doppelsieg in der Klasse bis 1.500 Kubikzentimeter. Auf der Motorhaube am Heck: der Carrera-Schriftzug.

PORSCHE UND CARRERA

Zur Erinnerung an das berühmte Rennen erhalten die stärksten Serienautos in den folgenden Jahren die Bezeichnung Carrera, genau wie der von Ernst Fuhrmann entworfene Motor mit vier Nockenwellen.

Im Porsche 550 A Spyder leistet der Carrera-Motor 135 PS, Versionen mit 1,6 Litern Hubraum kommen auf 165 PS. Bekanntester Besitzer dürfte James Dean sein, der in einem 550 Spyder, dem „Little Bastard", am 30. September 1955 tödlich verunglückt. Den Spyder umweht in den USA seither der Mythos des automobilen Bad Boy.

1956 siegt Umberto Maglioli erstmals für Porsche bei der Targa Florio, nach 720 Kilometern Distanz und rund 7.000 Kurven. Sein Auto ist ein Porsche 550 Spyder A RS 1500 International. Fahrzeuge mit Carrera-Motor und RS im Namenszug sind seitdem nur selten zu schlagen.

PORSCHE 356 CARRERA

1955 entschließt sich Porsche, den Carrera-Motor im 356 anzubieten. Ab der IAA im Oktober 1955 heißen alle Porsche-Spitzenmodelle Carrera. Die drei Karosserievarianten Coupé, Cabrio und Speedster erhalten das Fuhrmann-Triebwerk. Der 356 A Carrera 1500 GS leistet 100 PS – mehr als doppelt so viel wie der 356 A 1300 mit seinen 44 PS. Von Null auf 100 km/h benötigt das Carrera-Coupé 12 Sekunden, die Höchstgeschwindigkeit liegt bei 200 km/h.

Neben dem Motor bekommen die 356 Carrera breitere Reifen, größere Lenkräder, Schalensitze und Tachometer-Skalierung bis 250 km/h. Allerdings verlangt der Motor hohe Drehzahlen und verschlingt enorme Wartungskosten. Ganz klar, mit dem 356 Carrera baut Porsche den ersten Supersportwagen für die Straße. Damals wie heute sind solche Autos Exoten. Denn von den insgesamt 21.045 gebauten 356 A verkauft Porsche nur rund 700 Carrera-Modelle.

Doch genau diese Kunden will Porsche weiter bedienen. Der Hersteller konstruiert Autos wie das Leichtbau-Coupé 1600 GS Carrera GT und den Porsche 2000 GS Carrera 2. Im 911 kommt die Bezeichnung beim Carrera RS 2.7 zurück – und sie bleibt. Mittlerweile sind der 911 und sein Beiname Carrera untrennbar miteinander verbunden.

Die Motorsport-Saison 1960 verläuft für Porsche insgesamt überaus erfolgreich. Neben den Gesamtsiegen in Sebring und bei der Targa Florio (beides Läufe zur prestigeträchtigen Sportwagen-WM) sichern sich im November Herbert Linge und Paul-Ernst Strähle mit ihrem 356 B 1600 GS Carrera GT Coupé bei der 5. Tour de Corse den ersten Gesamtsieg für Porsche auf der anspruchsvollen Strecke der Mittelmeerinsel Korsika.

DIE KÖPFE HINTER DEN PORSCHE RS-MODELLEN

Seit der Planung und Entwicklung des Porsche 911 Carrera RS 2.7 haben viele Ingenieure, Testfahrer, Rennfahrer, Designer und Konstrukteure an den RS-Modellen mitgewirkt. Einige bedeutende Personen heben wir hier besonders hervor.

PETER FALK

Der Autoschlosser und Maschinenbau-Ingenieur Peter Falk steigt 1959 als Versuchsingenieur bei Porsche ein, wird 1964 Leiter der Rennfahrzeug-Entwicklung und belegt 1965 als Beifahrer von Herbert Linge bei der Rallye Monte Carlo auf einem Porsche 911 den fünften Platz. Er betreut unter anderem die Modelle 917, 959 und TAG-Turbo. Falk ist Porsches Mann für besonders schnelle Autos. Er wird 1970 Versuchsleiter und erhält 1972 den Auftrag, „einen straßenzugelassenen, aber renntauglichen 911 zu entwickeln". Der 911 Carrera RS 2.7, den Falk als Projektleiter verantwortet, wird erst sein Dienstwagen, später sein Lieblingsauto. 1993 geht Falk in den Ruhestand. Selbst im Jahr 2022 unterstützt er Porsche noch bei historischen Themen. Der fast 90-Jährige hat nach wie vor alle Zahlen zu seinen Entwicklungen im Kopf.

HERMANN BURST

Der Diplom-Ingenieur und Aerodynamik-Experte Hermann Burst kommt 1969 vom Forschungsinstitut für Kraftfahrwesen und Fahrzeugmotoren Stuttgart (FKFS) der Universität Stuttgart in die Rennsportabteilung von Porsche. 1971 wird er leitender Mitarbeiter im „Karosserieversuch Serienfahrzeuge". Ihn interessieren passive Sicherheit, Rostvorsorge, angenehmes Innenraumklima oder aerodynamische Optimierungen. Burst ist maßgeblich für die Entwicklung des Heckspoilers des 911 Carrera RS 2.7 verantwortlich. Zu seinen beruflichen Höhepunkten zählen außerdem die vollverzinkte Karosserie, Studien mit Aluminiumkarosserien, die Integration von Airbags, die Aerodynamik des 959 und die aktive Luftführung des 964. Trotz seines Weggangs von Porsche im Jahr 1992 ist er weiter eng mit der Marke verbunden. Er freut sich sehr, wenn er bei Oldtimer-Ausfahrten mit seinem 356 Cabrio weitere Porsche mit Spoilern trifft, besonders die „Bürzelporsche".

TILMAN BRODBECK

Tilman Brodbeck liebt die Marke Porsche, seit ihm im Kindesalter auf dem Weg zur Solitude-Rennstrecke ein 356 entgegenkommt – seine Straßenlage verzaubert ihn. Nach der Schule studiert Brodbeck an der TH Darmstadt Maschinenbau und Luftfahrtechnik mit Schwerpunkt Aerodynamik und bewirbt sich danach unter anderem bei Porsche in Zuffenhausen. Auch, weil sein bester Freund dort arbeitet und ihn mehrmals mit einem blutorangenen 911 besucht. Brodbeck bewirbt sich initiativ, Burst und Falk stellen ihn im Oktober 1970 ein. Im Team von Hermann Burst zählt Brodbeck zu den geistigen Vätern des 911-Heckspoilers am Carrera RS 2.7. Als dieser debütiert, kümmert sich Brodbeck schon um andere Aufgaben, unter anderem um die Entwicklung des 924. Nach zehn Jahren in der Entwicklungsarbeit in Weissach wechselt er nach Zuffenhausen, wird nacheinander Assistent der damaligen Vorstände Fuhrmann, Schutz, Branitzki, Bohn und Wiedeking. 2009 geht er in Rente.

HARM LAGAAIJ

Im September 1971 beginnt Automobil-Designer Harm Lagaaij (Schreibweise auch: Lagaay) bei Porsche. Kurz danach erhält er die Aufgabe, einen Schriftzug für ein neues, besonders sportliches Fahrzeug zu gestalten. Er erfindet das „Carrera" zwischen den Radhäusern. Bis 1972 arbeitet Lagaaij am 911 RS 2.7. Auf ihn folgen Fahrzeuge wie das 911-G-Modell und der Porsche 924. Nebenbei betreut der Designer mit seinen Kollegen die Grafik von Rennfahrzeugen wie 911 Carrera RSR und 936 im aufwändigen Martini-Racing-Look. 1977 wechselt Lagaaij als Designer zu Ford, anschließend als Chef-Designer zur BMW Technik GmbH. 1989 kehrt er zurück zu Porsche, löst seinen damaligen Chef Anatole Lapine als Chefdesigner ab und entwickelt in den darauffolgenden Jahren unter anderem 968, 928 GTS, Boxster, Cayman, Carrera GT, Cayenne und die 911-Modelle 993, 996 und 997. Bis 2004 arbeitet Harm Lagaaij als Leiter der Porsche-Designabteilung in Weissach.

ERNST FUHRMANN

Dr. Ernst Fuhrmann gilt als genialer Ingenieur und Motorenkonstrukteur. Der promovierte Maschinenbauer verantwortet den „M547" mit Königswelle, der als Carrera-Motor oder Fuhrmann-Motor bekannt wird. Nach einem Jobwechsel zu einem Zulieferer kehrt Fuhrmann 1971 zu Porsche zurück und wird technischer Geschäftsführer. Nach dem Rückzug der Porsche-Piëch-Familie von aktiven Posten aus dem Unternehmen wird Fuhrmann im März 1972 Sprecher der Geschäftsführung und technischer Geschäftsführer der Porsche KG. Im August 1972 wird er Sprecher des Vorstands der neuen Porsche AG, später Vorstandsvorsitzender. Die Technik des 911 hält er zu dieser Zeit für nahezu ausgereizt und forciert die Ablösung durch den 928. Damit kann er sich gegen die Porsche-Familie nicht durchsetzen. Bis 1981 bleibt er Porsche-Chef und tritt dann in den Ruhestand. Dr. Ernst Fuhrmann stirbt im Februar 1995.

HELMUTH BOTT

Der Lehrer und Autoschlosser Helmuth Bott geht nach einer Lehre bei Daimler-Benz und einem Ingenieurstudium an der Universität Stuttgart im Jahr 1952 als Betriebsassistent zu Porsche. Nach seiner Zeit als Ausbilder und Autor von Reparaturhandbüchern wird er 1955 verantwortlicher Versuchsingenieur. Der Porsche 911 entsteht unter seiner Leitung. 1979 wird Bott Forschungs- und Entwicklungschef. Er treibt die Entwicklung des Allradantriebs bei Porsche energisch voran. Er ist außerdem Treiber hinter dem 911 Turbo, des innovativen 959 und des 964 Carrera 4. Auch das Entwicklungszentrum in Weissach geht auf seine Initiative zurück. Ihm zu Ehren heißt die schwierigste Stelle der Strecke „Bott-Schikane". Bott bleibt bis 1988 bei Porsche. Nach seinem Ausscheiden aus dem Unternehmen arbeitet er weiterhin als Berater für Porsche. Im Mai 1994 stirbt Bott.

FERDINAND PIËCH

Als Enkel von Ferdinand Porsche steigt Ferdinand Piëch nach seinem Maschinenbaustudium im Jahr 1963 als Sachbearbeiter im Rennmotoren-Versuch bei Porsche ein. Zwei Jahre später wird er Chef der Abteilung, ab 1965 leitet er die gesamte Entwicklung. Unter seiner Führung entstehen einige technische Highlights, auch der Rennwagen 917 – einer der erfolgreichsten Rennwagen des 20. Jahrhunderts. Mit ihm gewinnt Porsche erstmals die 24 Stunden von Le Mans. 1967 kündigt sein Porsche 911 R an, was der RS 2.7 später perfektioniert. 1971 wird Piëch technischer Geschäftsführer von Porsche. Er muss den Posten aber schon ein Jahr später wieder verlassen, weil sich die Familie Porsche-Piëch aus den aktiven Posten des Unternehmens zurückzieht. Ferdinand Piëch wechselt zu Audi, später zu VW und wird dort ein äußerst einprägsamer Vorstandsvorsitzender. Der gebürtige Österreicher stirbt im August 2019.

JÜRGEN BARTH

Jürgen Barth beginnt seine Ausbildung 1963 bei Porsche als KFZ-Schlosser und Industriekaufmann. 1969 wird er Assistent von Huschke von Hanstein in der Sport- und Presseabteilung. Seine Aufgabe: Organisation der Rallye-Aktivitäten. Ab 1969 verantwortet er die Sport-Homologation bei Porsche, ab 1976 die gesamtadministrative Organisation von Porsche-Motorsport. 1982 wird er Leiter des Porsche-Kundensports und baut eine neue Kundensportabteilung in Weissach auf. Nebenbei fährt Barth ab 1968 Rennen, auf der Langstrecke, aber auch bei Rallyes oder Bergrennen. Barth zählt in den 1970er und 1980er Jahren zu den weltbesten Sportwagenpiloten. Er fährt nicht ausschließlich Porsche und gewinnt unter anderem die 24 Stunden von Le Mans (1977) sowie die 1.000 km auf dem Nürburgring (1981).

HANS MEZGER

Der gebürtige Schwabe Hans Mezger beginnt seine Karriere bei Porsche im Jahr 1956 in der technischen Berechnungsabteilung. Dort ist er an der Weiterentwicklung des Carrera-Motors, des 1,5-Liter-Achtzylinders und des Formel-1-Motors im Porsche 804 beteiligt. Eine von ihm entwickelte Formel vereinfacht die Entwicklung von Nockenwellen. Ab 1965 leitet er die Rennsportentwicklungsabteilung und verantwortet unter anderem den legendären Zwölfzylinder des Porsche 917 und den TAG-Turbo-Motor für McLaren. Bekannt ist er vor allem für die Entwicklung des Motors für den ersten Porsche 911. Der „Mezger-Motor" treibt noch bis in die Baureihe 997 RS-Modelle an. Ende 1993 geht Mezger nach 37 Jahren bei Porsche in Rente. Im Juni 2020 stirbt Mezger im Alter von 90 Jahren.

ROLAND KUSSMAUL

Der Maschinenbau-Diplomingenieur Roland Kussmaul startet 1969 bei Porsche im Entwicklungszentrum in Weissach, anfangs als Entwickler für den Panzer „Leopard". Peter Falk holt ihn 1974 in die Rennsportabteilung, in der er sich zunächst um Rallye-Fahrzeuge kümmert. Kussmaul verantwortet 1978 den Rallye-Einsatz des 911 SC RS, später auch die daraus resultierende Kleinserie. Kussmaul und Barth fahren erfolgreich privat Rallyes. Es folgen neben internen Entwicklungsarbeiten auch Einsätze als Entwicklungs- und Renningenieur, unter anderem bei den 24 Stunden von Le Mans mit den Rennwagen 956 und 962. Ab 1990 entwickelt Kussmaul Autos für den neu geschaffenen Porsche-Markenpokal und wird schließlich Entwicklungschef für Renn- und Sonderfahrzeuge. Er verantwortet außerdem den 911 GT3 der Baureihe 996. 2008 geht Kussmaul in Rente.

AUGUST ACHLEITNER

Als Sohn des Hauptabteilungsleiters bei BMW ist August Achleitner früh vertraut mit teuren und schnellen Fahrzeugen. Den Maschinenbauingenieur beeindruckt der Porsche 911 – aber er hält ihn für verbesserungswürdig. Er zieht von München nach Stuttgart und fängt 1983 in der Porsche Fahrwerksentwicklung an. Sein Ziel: Den 911 besser machen, aber das Konzept erhalten. Bis 1989 arbeitet er sich in die Abteilung „Technische Produktentwicklung, Fahrzeugkonzepte und Package" hoch. Im Jahr 2001 übernimmt er die Verantwortung über die Baureihe 911. Unter Achleitners Leitung entstehen die Baureihen 997, 991 und 992. Anfang 2019 übergibt der begeisterte Motorradfahrer und Mountainbiker die Verantwortung der zweitürigen Sportwagen an seinen Kollegen Frank Walliser und wechselt in den Ruhestand.

ANDREAS PREUNINGER

In den 1990er Jahren nimmt Andreas Preuninger an einer dreistündigen Tour durch das Porsche-Entwicklungszentrum in Weissach teil. Danach weiß er, dass er für Porsche arbeiten will. Dieser Wunsch motiviert ihn im Studium. Seinen Fahrstil verbessert er bei seiner Arbeit als freier Journalist beim Magazin *auto motor und sport*. Er bewirbt sich häufig bei Porsche, stets initiativ. Auch dann noch, als er bereits in Spanien bei einem Zulieferer arbeitet. Lange steht seiner Anstellung die schlechte wirtschaftliche Situation im Weg. 1997 geht sein Wunsch in Erfüllung. Schon im Oktober 2000 wird er zum Leiter GT-Fahrzeuge. Er arbeitet am Facelift des 996 GT3 mit und bringt die Buchstaben RS mit dem 996 GT3 RS zurück auf die Straße. Fortan verantwortet er alle RS-Modelle des Herstellers.

DIE LUFTGEKÜHLTEN RS-MODELLE

MIT DEM 911 CARRERA RS 2.7 FÜHRT PORSCHE 1972 ERSTMALS DIE SCHNELLE RS-VARIANTE IN DIE 911-SERIE EIN: VOM F-MODELL ÜBER DAS G-MODELL, VOM LEGENDÄREN 964 BIS ZUM LETZTEN LUFTGEKÜHLTEN SECHSZYLINDERBOXER 993.

227H
S GO 9645H
S GO 9932

DAS URMODELL

1972 IST FÜR PORSCHE EIN SCHWIERIGES JAHR. DIE ERSTE GENERATION DES 911 NÄHERT SICH DEM ENDE IHRES MODELLZYKLUS. SEIT FAST ACHT JAHREN BAUT PORSCHE DEN SPORTWAGEN IN ZUFFENHAUSEN. ER ERHÄLT IM LAUFE DER JAHRE EIN PAAR TECHNISCHE VERBESSERUNGEN, ABER KEINE TIEFGREIFENDE ÜBERARBEITUNG.

CO 1973H

Trendsetter: Der Porsche 911 Carrera RS 2.7 ist das erste Serienauto mit einem serienmäßigen Heckspoiler. Viele folgen bald seinem Vorbild.

Um weiter am Markt bestehen zu können, muss also ein völlig neues Modell her. Der geplante 911-Nachfolger 928 ist noch nicht fertig, er wird erst 1977 erscheinen. Porsche benötigt also aus finanziellen Gründen dringend ein neues Auto – oder eine neue Variante, die Aufsehen erregt und Kunden anlockt.

Zeitgleich entsteht ein weiteres Problem. Die oberste Motorsportbehörde FIA will für die Rennsaison 1972 die Prototypenklasse nur bis drei Liter Hubraum ausschreiben. Damit wäre die Dominanz der 917-Rennwagen gebrochen, denn ihre Motoren sind mindestens 4,5 Liter groß. Nach dem Sieg der Markenweltmeisterschaft für Sportwagen in den Jahren 1969, 1970 und 1971 will Porsche unbedingt weiter erfolgreich Rennen fahren. Der Hersteller benötigt dafür aber ein neues Einsatzgerät, das die neuen FIA-Bedingungen erfüllt. Dr. Ernst Fuhrmann plant dafür aus Kostengründen keinen neuen Rennwagen, sondern eine seriennahe Lösung – einen 911 für die Rennstrecke.

PORSCHE 911 CARRERA RS 2.7

DER ANFANG

Nach Fuhrmanns Besuch am Hockenheimring im Mai 1972, bei dem er sein Auto verlieren sieht, beginnt die Arbeit am neuen Projekt. Das zuletzt schwache Abschneiden der Porsche 911 liegt auch am Reglement. Es erlaubt den Rennautos nur wenig mehr Hubraum, als in den Serienwagen vorhanden ist.

Porsche darf mit maximal 2,5 Litern Hubraum starten, denn der 911 steht mit höchstens 2,4 Litern beim Händler. Die Wettbewerber fahren mit größeren Aggregaten. Ford setzt in der Serie schon einen 2,6-Liter-Motor im Capri ein, BMW verwendet ein 3,0-Liter-Triebwerk. Um ein wettbewerbsfähiges Modell an den Start zu bringen, benötigt Porsche daher ebenfalls mehr Hubraum in der Serie.

Fuhrmann beauftragt Porsche-Entwicklungschef Helmuth Bott mit dem Projekt. Der bestellt seine Mitarbeiter Tilman Brodbeck und Hermann Burst zum Rapport, Projektleiter wird Wolfgang Berger. „Helmuth Bott sagte nur, dass Porsche-Kunden mit ihren 911 Straßenfahrzeugen auf Rennstrecken große Probleme haben, den Konkurrenzfahrzeugen von BMW und Ford vor allem in Kurven Paroli zu bieten. Er vermutete ein zu leichtes Heck, und wir sollten uns etwas überlegen und das Problem beheben", erinnert sich Tilman Brodbeck. Der Auftrag ist damit erteilt, aber nicht für ein neues Fahrzeug, sondern für „irgendein Bauteil zum Nachrüsten".

ZEITDRUCK AB ENTWICKLUNGSBEGINN

Im Hinterkopf schwingt bei allen Ingenieuren der Lieblingsspruch von Professor Ferry Porsches mit. Auf die Frage, was einen Porsche ausmacht, antwortete er: „Der Porsche geht gschwind ums Heck". Das soll, nein – muss, auch für den 911 auf der Rennstrecke gelten. Gemeinsam mit Hermann Burst überlegt sich Tilman Brodbeck eine Konstruktion, die in den nächsten Jahrzehnten einen regelrechten Trend begründen wird: den Heckspoiler.

Doch die Zeit drängt. Im Mai beginnen die Entwicklungsarbeiten, im Oktober soll das neue Modell auf dem Autosalon in Paris debütieren. Vorher muss es aber ausführlich getestet und danach homologiert werden, um in der nächsten Saison an den Start zu gehen. Für die Homologation als Rennfahrzeug braucht Porsche außerdem mindestens 500 Fahrzeuge. Die Zielgruppe: Privatfahrer, welche ein leichtes und schnelles Auto suchen.

Projektleiter Wolfgang Berger hat freie Hand bei der Entwicklung und darf aus den verschiedenen Abteilungen Mitarbeiter rekrutieren. Er schreibt das Lastenheft und

Die Silhouetten im Vergleich: Hinten der normale 911, vorn der 911 Carrera RS 2.7 mit seinem charakteristischen Entenbürzel.

Die erste Variante des seitlichen Carrera-Schriftzugs kommt nur bei frühen Varianten des 911 Carrera RS 2.7 zum Einsatz. Später behalten die Seitenschweller die Wagenfarbe. Das C positioniert Porsche einen Zentimeter hinter der vorderen Türfuge. Ferry Porsche mag die Schriftzüge generell nicht.

kümmert sich gleichzeitig um die spätere Produktion, koordiniert Versuch und Produktion. Etwa 15 Ingenieure entwickeln das Auto in den folgenden Monaten. Dazu kommen weitere Mitarbeiter aus der Produktion.

Die Entwickler bearbeiten vier Aspekte intensiv: Gewicht, Aerodynamik, Motor und Fahrwerk. „Das Projekt hing nicht nur von der Versuchsabteilung ab, sondern auch von der späteren Produktion, die die Kleinserie betreut hat", erzählt Peter Falk. Denn ein neues Auto für eine Kleinserie zu entwickeln, ist die eine Seite. Die andere ist, es auch tatsächlich in einen Produktionsprozess zu überführen. Vorweg: Der 911 Carrera RS 2.7 wird die perfekte Synthese aus Gewicht, Leistung, Aerodynamik und Fahrverhalten.

DIE KAROSSERIE DES 911 CARRERA RS 2.7

Um die Karosserie kümmern sich von nun an Burst und Brodbeck. Sie sollen vor allem Gewicht einsparen. Dünnbleche, dünne Scheiben, Kunststoffteile und der Verzicht auf Dämmung sollen das Fahrzeuggesamtgewicht auf weniger als 900 Kilogramm senken, damit das Modell homologiert werden kann. Gleichzeitig soll sich die Aerodynamik verbessern: Burst und Brodbeck wollen den 911-typischen Auftrieb an Vorder- und Hinterachse minimieren oder ganz aufheben, um ein neutraleres Fahrverhalten zu erreichen.

„Ich war jung und hatte im ersten Moment keine Vorstellung, also ging ich erst mal in die Karosserieabteilung und habe mit dem Obermeister und Meister gesprochen, wie man welches Bauteil ändern kann", sagt Tilman Brodbeck. Dabei erinnert er sich an sein Auto während des Studiums, ein

Fiat 850 Coupé. Die erste Version des Fiat hat einen glatt nach unten verlaufenden Heckdeckel, die Motorhaube. Das Nachfolgemodell weist am Ende des Heckdeckels eine leichte, aber auffallende Krümmung nach oben auf. Zunächst kann sich Brodbeck die Funktion nicht erklären, aber im Gespräch mit den Kollegen versteht er: Dank der nach oben gewölbten Struktur verändert sich der Luftverlauf und drückt bei höheren Geschwindigkeiten gleichzeitig das Heck Richtung Straße. Dieser Effekt wird ohne Luftwiderstandserhöhung erzielt.

911-LINIEN MÜSSEN BLEIBEN

Ziel der gesamten Überlegungen ist es, die charismatische Silhouette des 911 zu erhalten und gleichzeitig den Nachteil des abfallenden Hecks mit stilistisch vertretbaren Maßnahmen zu kompensieren. So soll die Aerodynamik besser werden. Stilelemente wie Kotflügel, Fronthaube, Dach und Heckpartie dürfen dabei nicht verändert werden.

Als Prototypen des späteren Entenbürzels dienen bei den Versuchen anfangs grobe Bleche und breite Klötze auf den Motorhauben. „Den Auftrieb in Abtrieb umzudrehen gelang erst später beim RSR, der besitzt aber einen deutlich größeren Heckflügel mit Maria-Stuart-Kragen“, erinnert sich Peter Falk. Damit meint er den über das gesamte Heck verlaufenden Spoiler der späteren Rennversion.

Die Entwickler montieren verschiedene Formen auf der Motorhaube, um zu sehen, ob der formelle Grundcharakter erhalten bleibt und der Auftrieb abnimmt. Anfangs nutzen sie eine Form ähnlich einem schrägstehenden Brett. Bald gerät die Gestaltung gefälliger, so dass der Spoiler nicht wie ein Fremdkörper aussieht.

„Die ersten Modelle für den 911 haben wir mit Schweißdraht und Blech zusammengedengelt und auf dem vorhandenen Heckdeckel montiert“, sagt Brodbeck. Dann fahren sie mit einem 911er und drei unterschiedlichen Konstruktionen in den Windkanal der TU Stuttgart. Der Chef des Windkanals lacht sie freundlich aus. Hermann Burst und Tilman Brodbeck bleiben ernst. Denn sie sehen, dass sich c_W-Wert und Auftrieb ändern.

GLEICHGEWICHT IM 911

Heute unvorstellbar ist, dass bei den ersten Elfern Blei in den vorderen Stoßstangen verbaut ist, um eine bessere Balance zu erreichen. Die Aerodynamik des 911 ist so schlecht, dass selbst mit einem kleinen Spoiler der Auftrieb an der Hinterachse direkt um knapp 50 Prozent sinken kann. Die Ingenieure schauen sich im Windkanal den Strömungsverlauf sowie die Verwirbelungen mit Rauch an. So sehen sie direkt die Veränderungen durch die neue Abrisskante am Heck.

Da jede Achse auf einer Waage steht, können sie die veränderten Werte des Auftriebs direkt ablesen. Unbedingte Voraussetzung: Der Auftrieb an Vorder- und Hinterachse muss zueinander passen, sonst wird das Fahrverhalten kritisch. Der c_W-Wert sollte außerdem sinken. Nach drei Tagen im Windkanal mit den drei Varianten legen sich die Ingenieure auf die Abmessungen in Höhe und Breite fest. „Das ging damals alles sehr schnell“, erinnert sich Brodbeck.

Schon beim ein Jahr zuvor ebenfalls in einem Windkanal entwickelten Bugspoiler, der den Auftrieb an der Vorderachse um fast die Hälfte verringert, sind die Entscheidungswege kurz. Als Ferdinand Piëch davon hört, möchte er die Bugschürze möglichst schnell im Einsatz sehen. Kurze Zeit später wird sie als GFK-Bauteil angeboten – ein Bugspoiler aus Blech hätte zwei Jahre für die Entwicklung eines neuen Werkzeugs benötigt.

Auch jetzt dauert die Entscheidung nicht lang. Helmuth Bott lässt sich die Erfindung am Heck zeigen und ordnet praktische Fahrversuche an. Nordschleifen-Spezialist, Testfahrer im Fahrversuch und Rennfahrer Günter Steckkönig nimmt sich der Sache an und fährt mit dem neuen Spoiler auf die Teststrecke in Weissach. Er vergleicht das Fahrverhalten mit einem 911 ohne Flügel – und das Ergebnis ist eindeutig. Er fährt mit Bug- und Heckspoiler schneller und sicherer.

15 MILLIMETER

Das Team um Wolfgang Berger, Hermann Burst und Tilman Brodbeck hat die Aerodynamik im Windkanal der TU Stuttgart weiterentwickelt, aber das ist nur die halbe Arbeit. „Windkanal ist nicht Straße, dazwischen liegt ein großer Unterschied. Daher sind wir für Testfahrten zum Hockenheimring gefahren, um zu sehen, was und wie viel der Spoiler bringt“, erläutert Peter Falk. Gemeinsam mit den Entwicklern, Testfahrer Günter Steckkönig und einem Fotografen reisen sie zur Rennstrecke.

Ein Designer aus der Styling-Abteilung stößt ebenso dazu. Er soll sehen und verstehen, worauf es den Technikern beim Spoiler ankommt. Für die elektronische Messung der Höchstgeschwindigkeit bauen sie eine Teststrecke auf. Der Fotograf steht ungefähr 15 Meter von der Strecke entfernt und hat die Aufgabe, die genaue Lage des Autos zu fotografieren. Auf den Fotos können die Entwickler später sehen, ob das Auto vorn höher liegt als hinten oder umgekehrt. Daran können sie die Wirkung des Spoilers ablesen.

„Wir stellten fest, dass wir mit einem höheren Spoiler die Höchstgeschwindigkeit steigern konnten, weil der Luftwiderstand niedriger wurde. Also haben wir den Heckspoiler immer wieder mit Blechen an der Abrisskante um Millimeter nach oben erweitert, sind wieder gefahren, haben wieder erweitert. Erst am Umkehrpunkt, bei dem das Auto wieder langsamer wurde, haben wir die Höhe technisch als Bürzelhöhe festgelegt, so wie sie in die Serie kommen sollte“, erklärt Peter Falk. Höchstgeschwindigkeit ist damals nicht alles, aber extrem wichtig.

Doch nicht immer geht es ums beste Ergebnis. Dem Designchef gefällt der Spoiler nicht. Er reduziert den Bürzel wieder um 15 Millimeter. „Das war für uns Techniker wie ein Schlag ins Gesicht, denn wir wollten die beste technische Lösung erzielen. Auch wenn die Reduzierung nur zwei bis drei km/h gekostet hat, waren wir enttäuscht“, sinniert Peter Falk. An die erste Fahrt mit dem seriennahen Fahrzeug kann sich Entwickler Peter Falk auch nach 50 Jahren

210 PS treffen auf nur 960 Kilogramm Gewicht: Auch fast 50 Jahren nach seiner Entstehung fährt der 911 Carrera RS 2.7 extrem sportlich und schnell.

S GO 1973H
Porsche Museum

noch gut erinnern. „Die erste Fahrt war gewöhnungsbedürftig. Das Auto war sehr hart, weil es leichter war, dadurch weniger federte, und sehr viel lauter. Aber je länger ich mit dem Auto fuhr, umso begeisterter war ich vom Fahrverhalten. Es war um Welten besser als das Serienauto." Auch Testfahrer zeigen sich anfangs erschrocken, sind dann aber von den geringen Auftriebskräften und der besseren Traktion begeistert, vor allem bei höheren Geschwindigkeiten. Innerhalb von drei Monaten entsteht der fahrfertige Prototyp, dann beginnt die Produktion der Kleinserie.

TESTS IN EHRA-LESSIEN

Bei der großen Porsche-Versuchserprobung 1972 auf dem VW-Testgelände in Ehra-Lessien stehen weitere Fahrversuche an. Als Helmuth Bott mit dem Bürzel-911 auf der dreispurigen Bahn bei rund 180 km/h unterwegs ist, reißt er spontan das Lenkrad mit Schwung kurz nach rechts, um ein Aufschaukeln zu provozieren. „Mir ist das Herz in die Hose gerutscht, aber der Porsche hat sich nach drei Schwingungen direkt wieder vollkommen im Geradeauslauf stabilisiert und sich nicht aufgeschaukelt", sagt sein damaliger Mitfahrer Tilman Brodbeck.

Der neue „Entenbürzel" drückt mit seiner Erhebung den 911 Carrera RS 2.7 bei schneller Fahrt nach unten und versorgt den Heckmotor mit zusätzlicher Kühlluft. Dabei wird der Effekt ohne Luftwiderstandserhöhung erzielt – im Gegenteil: Die Höchstgeschwindigkeit steigt um 4,5 km/h. „Nach dem ersten Wedeltest mit Spoiler wurde der Unterschied deutlich. Der Elfer fuhr sich deutlich ruhiger und stabiler als ohne Spoiler. Das waren Welten", erinnert sich Hermann Burst. Mit dem aerodynamischen Bauteil kann er die Wedeltests deutlich schneller fahren, bevor das Heck ausbricht. Zudem zeigt der Tacho bis zu 270

Wichtige Arbeit im Windkanal mit messbarer Verbesserung: Der „Entenbürzel" reduziert den c_w-Wert des 911 Carrera RS 2.7 von 0,409 auf 3,97. Der Auftrieb an der Hinterachse sinkt von 145 auf 42 Kilogramm.

Serienmäßig verfügt der Porsche 911 über eine unvorteilhafte Aerodynamik. Weil der Spoiler die Fahrbarkeit des Spitzenmodells deutlich verbessert, ist er bald als Nachrüstteil erhältlich.

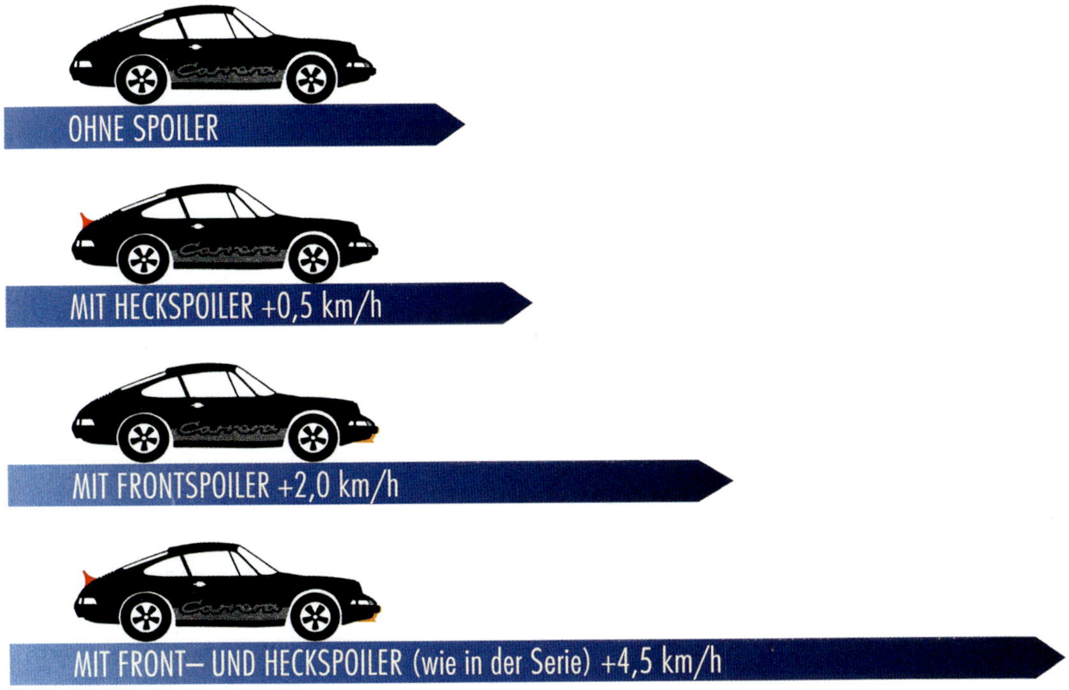

Der Einfluss einer optimierten Luftführung: Der Porsche 911 wird mit Front- und Heckspoiler deutlich schneller. Außerdem wird der Heckmotor mit zusätzlicher Kühlluft ersorgt.

statt 255 oder 260 km/h an. „Da war mir endgültig klar, dass der Spoiler das richtige Teil für den Elfer ist. Unsere Erfahrungen haben später auch die Versuchsfahrer aus Weissach bestätigt", sagt Burst. Die Tachoskala reicht noch bis 280 km/h, ab März 1973 geht sie bis 300 km/h.

Helmuth Bott ist begeistert. Er sieht direkt einen Sicherheitsvorteil und entscheidet sich für die Produktion. Gedacht ist der Heckspoiler wie der Bugspoiler als Nachrüstsatz für 911-Kunden. Nur, mehr Sicherheit ist damals kein gutes Verkaufsargument. Extreme Sportlichkeit und höhere Kurvengeschwindigkeiten ziehen besser.

DIE ERFINDUNG DES HECKSPOILERS

Am 5. August 1972 wird die Patent-Offenlegungsschrift 2238704 beim Deutschen Patentamt angemeldet. Inhalt: „Die Erfindung betrifft einen Personenkraftwagen mit einer vorzugsweise zwischen Seitenteilen angebrachten Heckhaube und einer im Heck vorgesehenen aerodynamischen Vorrichtung zur Erhöhung des dynamischen Hinterraddrucks. Die Aufgabe, die der Erfindung zu Grunde liegt, besteht darin, eine hochwirksame aerodynamische Vorrichtung zu schaffen, mit der beim Fahren der Hinterachsdruck eines Personenkraftwagens vergrößert bzw. der Auftrieb im Bereich der Hinterachse herabgesetzt wird. Diese Vorrichtung soll aber auch vorteilhaft im Heck des Pkw angeordnet sein. Dies wird nach der Erfindung dadurch erzielt, dass die Vorrichtung eine Einheit mit der Heckhaube bildet, sich über die wesentliche Breite derselben erstreckt und in Fahrzeuglängsrichtung einen erheblichen Teil der Heckhaube überragt."

Damit erfindet das Team um Wolfgang Berger den Heckspoiler für Porsche als Serienteil. Und schafft mit dem 911 Carrera RS 2.7 das erste Serienfahrzeug mit integriertem Bug- und Heckspoiler. Wenig später löst das Modell die weltweite Spoiler-Welle aus – es ist ein Trendsetter.

„Für mich war der Spoiler damals nur die Lösung für ein technisches Problem. Dass wir damit eine Ikone erschaffen haben, war mir lange nicht bewusst", sagt Hermann Burst später. Der Erfolg des Modells überrascht ihn hingegen nicht. Porsche-Fahrer sind damals ohnehin sportlich unterwegs und erkennen die Vorteile des Aero-Pakets direkt. Mit dem neuen Kit wird der Elfer endgültig wettbewerbsfähig. Porsche erzielt mit dem Spoiler bis zu 69 Prozent weniger Auftrieb an der Hinterachse. Willkommener Nebeneffekt: Die Heckleuchten-Verschmutzung verringert sich dank der Strömungseffekte enorm. Saubere Luft wird nun um die Rückleuchten geleitet.

Beim 911 Turbo ab 1973 kann das Team schon auf Erfahrungswerte zurückgreifen. Doch anders als beim dezenten, fast filigranen RS-Spoiler, dem „Entenbürzel", soll der Heckflügel des Turbos breiter und größer sein – und damit martialischer aussehen. Die Kollegen aus dem Vertrieb haben seit dem 911 Carrera RS 2.7 begriffen, dass ein Spoiler verkaufsfördernd sein kann.

ZWEI 2,7-LITER-MOTOREN

Im Frühjahr 1972 arbeitet parallel zum Berger-Team auch die Serienentwicklung an einem 2,7-Liter-Boxermotor für den 911 S. Es soll zusätzlich zum bereits bestehenden 2,4-Liter-Boxer im 911 S eine Variante mit mehr Hubraum und Leistung geben. Nach der Festlegung der offiziellen Homologation fürs Jahr 1973 steht aber fest, dass 500 homologierte Autos gebaut – aber nicht verkauft werden müssen.

Dieses Schlupfloch ist eine Chance für Porsche, einen möglichen Misserfolg abzuwenden. Der Hersteller könnte die Gesamtstückzahl bauen, notfalls aber die Fahrzeuge nach der Stückzahlkontrolle und der Einstufung in der Gruppe 4 wieder zum 911 S 2.7 zurückbauen, falls sich nicht genügend Käufer fänden. Nicht alle Mitarbeiter sind vom Erfolg der neuen Variante mit Heckspoiler überzeugt.

Auch deshalb fliegt der 911 S mit 2,7 Liter erst nach einem Machtwort von Ernst Fuhrmann aus dem (geplanten) Verkaufsprogramm. Er will nicht zwei Varianten des 2.7ers im Portfolio haben. Der 911 Carrera RS 2.7 wird keine Weiterentwicklung des 911 S, sondern ein eigenständiges Fahrzeug und das künftige Spitzenmodell vor dem 911 S.

Das Kraftfahrt-Bundesamt (KBA) verweigert die Zulassung des Heckspoilers. Porsche lässt die Autos einzeln beim TÜV Süd in Stuttgart abnehmen.

DER RS-ANTRIEB

Die Motorenentwickler Hans Mezger und Valentin Schäffer arbeiten am Sechszylinder-Boxer-Motor. Sie vergrößern den Hubraum auf 2,7 Liter und bauen die Aggregate in ihrer Werkstatt. Möglich wird die Vergrößerung der Bohrung auf 90 Millimeter unter anderem durch eine dünne Nikasil-Beschichtung an den Zylindern.

Um eine hohe Alltagstauglichkeit zu behalten, bleiben Verdichtung, Steuerzeiten und Ventildurchmesser identisch zum 2,4-Liter-Motor. Auf diese Weise gibt sich der neue Motor mit Normalbenzin zufrieden. Der 2,7-Liter-Sechszylinder-Boxer mit Benzineinspritzung leistet 210 PS bei 6.300 U/min und entwickelt 255 Newtonmeter bei 5.100 U/min – und damit 20 PS und 40 Newtonmeter mehr als der 2.4 S. Das volle Drehmoment liegt schon bei 2.700 U/min statt 4.000 U/min an.

Die Leistung ermöglicht in der RS-Version eine Beschleunigung von Null auf 100 km/h in 5,8 Sekunden. Damit durchbricht der 911 Carrera RS 2.7 als erster Serienwagen die Sechs-Sekunden-Marke bei Tests der deutschen Fachzeitschrift *auto motor und sport*. Die Höchstgeschwindigkeit liegt jenseits von 245 km/h.

Ein neu entwickeltes Fünfgang-Getriebe verfügt über länger übersetzte vierte (27/25 statt 26/25) und fünfte (29/21 statt 29/22) Gänge. Als Sonderwunsch für den Renneinsatz sind weitere Übersetzungen lieferbar. Die Rennversionen erhalten zusätzlich eine vordere Ölpumpe, um eine bessere Schmierung bei extremer Belastung zu gewährleisten. Anfangs denkt Porsche noch über ein Viergang-Getriebe nach, ebenso wie über die Sportomatic genannte Automatik. In die Serie finden sie aber keinen Einzug – Ausnahmen sind die Fahrzeuge für Peter Porsche und Luise Piëch. Beide fahren mit Sportomatic.

DAS FAHRWERK

Die Maßnahmen bei Leistung, Gewicht und Aerodynamik erfordern auch Modifikationen am Fahrwerk. Im Rennsport hatte Porsche gute Erfahrungen mit breiteren Hinterrädern gesammelt. Also probieren es die Entwickler auch beim Carrera RS 2.7. „Wir wollten mit breiten Reifen an der Hinterachse Traktion und Fahrverhalten verbessern, weil das Gewicht an der Hinterachse am höchsten ist. Auch wenn der Kundendienst anfangs wegen höherer Lagerkosten dagegen war, konnten wir uns durchsetzen“, sagt Peter Falk.

Erstmals erhält bei Porsche ein Serienfahrzeug verschiedene Reifengrößen an Vorder- und Hinterachse. Vorn sitzen Fuchs-Schmiederäder in 6 x 15 mit 185/70VR15-Reifen, hinten in 7 x 15 mit 215/60VR15-Reifen. Damit die Räder passen, verbreitert Porsche die Karosserie am Heck um 42 Millimeter. „Als das in der Entwicklung, der Produktion und im Vertrieb gut funktioniert hat, haben alle nachfolgenden Modelle diese Kombination erhalten“, so Peter Falk.

Alle RS 2.7 erhalten ein strafferes und leichteres Bilstein-Fahrwerk statt der serienmäßigen Boge-Dämpfer. Die Stabilisatoren messen in der Serie einen Durchmesser von 15 Millimeter (13 Millimeter für die Homologation). Die Träger an der Vorderachse be-

Beim Prototyp des 911 Carrera RSR (intern: E42) probiert Porsche …

… mehrere Varianten des Heckspoilers aus.

stehen aus geschmiedetem Aluminium, was rund 2,5 Kilogramm Gewicht einspart. Hinten kommen verstärkte Hinterachslenker und eine Querrohrverstärkung zum Einsatz. An der Hinterachse übernehmen zusätzlich zur Drehstabfederung groß dimensionierte Schraubenfedern die Arbeit.

DER VERTRIEB WILL DAS AUTO NICHT

Anfang der 1970er Jahre verkauft Porsche zwar Sportwagen für den Alltag, aber noch keine extremen Sportwagen für Rennstrecke und Alltag. Mit dem neuen Modell ändert sich das. Allerdings kommt der Verzicht auf Komfort nicht überall gut an. Statt Armlehnen an der Tür integriert Porsche zum Beispiel leichte Türzuziehschlaufen wie Fiat beim 600. Dementsprechend reserviert reagieren Vertriebsmitarbeiter auf das neue Modell – sie sehen nur geringe Absatzchancen. Auch den Spoiler wollen viele Verkäufer an einem Serien-911er nicht haben, da er das klassische Design, die Urform, in ihren Augen zerstört. Nur wenige Mitarbeiter erkennen den Vorteil. Porsche-Chef Ernst Fuhrmann bestellt in Weissach seine Vertriebsmannschaft zu sich und diskutiert mit ihr das neue Sondermodell. „Die Vertriebsmitarbeiter waren der Meinung, dass sich ein Auto mit so einem hässlichen Anbauteil kaum verkaufen ließe, weltweit vielleicht maximal 100 Einheiten", erzählt Tilman Brodbeck.

Ein Problem: Für den Absatz ist nicht die reine Porsche-Vertriebsabteilung zuständig, sondern die für das 914-Projekt gemeinsam mit VW gegründete VW-Porsche-Vertriebsgesellschaft mbH – und die ist paritätisch besetzt, zur Hälfte mit VW-Mitarbeitern, die mit einem hochmotorisierten Leichtbau-Sportwagen wenig bis gar nichts anfangen können. „Der Vertrieb lehnte das Auto anfangs ab, weil es denen zu einfach und zu laut war", erinnert sich Peter Falk.

FUHRMANN SETZT DEN RS DURCH

Ernst Fuhrmann bleibt eisern. Er will das Auto unbedingt auf den Markt bringen und gibt die Order aus: Entweder der Vertrieb verkauft den RS, oder er bekommt kein einziges Auto. Fuhrmann setzt sich (und das Auto) durch. Porsche plant mit 500 Einheiten, um den 911 Carrera RS 2.7 für die Gruppe 4 („Spezial-GT-Fahrzeuge") zu homologieren. Er wird ein Fahrzeug mit Straßenzulassung für Kunden, die auch an Rennsportveranstaltungen teilnehmen möchten.

In der zeitgenössischen Werbung heißt es: „Der Porsche Carrera RS: Nur 500 Männer werden ihn fahren." Am 5. Oktober 1972 wird das neue Modell auf dem Autosalon an der Porte de Versailles in Paris vorgestellt. Bereits Ende November sind alle 500 Fahrzeuge verkauft.

„Erst als die Fahrzeuge verkauft waren und weitere 1.000 Einheiten an Kunden gingen, war uns klar, dass wir ein besonderes Modell geschaffen haben. Solche Sprünge gibt es im Vertrieb sonst nicht", sagt Peter Falk. Dazu bietet Porsche die Bug- und Heckspoiler als Zubehör für alle 911-Modelle an – ein weiterer Erfolg. „Beides zusammen ergab ein sehr gutes Fahrverhalten bei höheren Geschwindigkeiten, und wurde deshalb von 911-Fahrern gerne bestellt".

PROBLEME MIT DEM KBA

Bis es so weit ist, gibt es trotzdem Probleme. Das Kraftfahrt-Bundesamt (KBA) in Flensburg akzeptiert den Heckspoiler nicht und verweigert die Straßenzulassung. „Wir

Mit einer Bohrung von 90 Millimetern vergrößern Hans Mezger und Valentin Schäffer den Hubraum des Sechszylinder-Boxers auf 2,7 Liter.

sind extra mit einem Auto von Stuttgart nach Flensburg gefahren, haben den Mitarbeitern den Spoiler erklärt, aber leider keine Zustimmung erhalten“, erzählt Peter Falk. Die Gründe kennt er heute nicht mehr genau, tippt aber auf den Fußgängerschutz und den Missmut des damaligen KBA-Präsidenten Dr. Parigger.

Daher nimmt der TÜV Stuttgart jedes der 500 Fahrzeug einzeln ab und erteilt so die Fahrzeuggenehmigung. „Bei früheren Umbauten hatten wir schon mit dem TÜV zusammengearbeitet und gute Erfahrungen gesammelt“, sagt Falk. Einzelabnahmen funktionieren immer, sind aber aufwändig und teuer. Vorteil: Jeder 911 Carrera RS 2.7 wird genau dokumentiert, gewogen und registriert. Das ist wichtig für die FIA-Homologation.

Bis zum 1.010. Auto, also dem Erreichen der Homologation der Gruppe 3, wird jedes Fahrzeug zuerst aufwändig produziert, dann erleichtert, gewogen und anschließend nach Kundenwunsch zum RS (Sport) oder RSL (Touring) modifiziert. Danach ist das tatsächliche Fahrzeuggewicht nicht mehr entscheidend. Die übrigen Fahrzeuge außerhalb der FIA-Homologation erhalten schließlich auch noch die Zulassung vom Kraftfahrt-Bundesamt. Das Auto ist nun etwas schwerer – und der KBA-Präsident ein neuer.

UNTERSCHIEDE DER TYPEN

Intern nennt Porsche das Modell 911 SC, um die Typisierung zu beschleunigen und Kosten zu sparen. In den Fahrzeugpapieren steht daher diese Bezeichnung, während die Verkaufsbezeichnung 911 Carrera RS 2.7 lautet. Innerhalb des Modells gibt es vier verschiedene Varianten. Technisch gleichen sich die Typen RSH, RS und RSL weitestgehend, nur der RSR als reiner Rennwagen weicht von den Serienwagen ab. Die Unterschiede liegen bei Produktionsstart im Detail.

Im Laufe der Produktion, vor allem nach Erreichen von 1.000 Fahrzeugen für die zweite Homologation, ändert Porsche weitere Details, wie die Dicke der Bleche (0,88 statt 0,8 Millimeter), der Windschutzscheibe oder der Hilfsträger für die Vorderachse. Alle Dünnblechteile bringen einen Gewichtsvorteil von 9,5 Kilogramm. Ende 1972 werden die ersten Modelle an Kunden ausgeliefert. Nach dem Erreichen der Homologation können sie individuelle Wünsche äußern. Ferry Porsche ordert im Frühjahr 1973 einen 911 Carrera 911 RS in der Touring-Ausstattung „472“ (RSL) mit elektrischem Schiebedach, Blaupunkt Radio Köln und einem 2,9-Liter-Motor aus der Versuchsabteilung.

Heute fahren mehr RS-Modelle auf der Straße, als ursprünglich gebaut wurden. Viele erhielten erst nachträglich die Body-Kits oder Bug- und Heckspoiler, ihre Motoren einen größeren Hubraum oder den späteren 2,7 des 911 S. Auch wenn sie technisch und optisch nahezu identisch zu den Originalen sind, zählen sie nicht zum harten, echten RS-Kern.

DIE DERIVATE DES CARRERA RS 2.7

Porsche ist vom Erfolg überrascht und baut bis Juli 1973 dreimal so viele Autos wie geplant. Insgesamt entstehen 1.580 Fahrzeuge. Damit kann Porsche den 911 Carrera RS 2.7 zusätzlich zur Gruppe 4 auch für die Gruppe 3 homologieren. Er wird zum schnellsten deutschen Serienwagen seiner Zeit.

Neuer Carrera-Schriftzug: Die Buchstaben werden in einer Kontrastfarbe zum Karosserielack eingerahmt, durchzogen von einem breiten Streifen in der gleichen Farbe.

911 Carrera RSL: In der Touring-Version bleibt Porsches Supersportler dynamisch, aber er wird komfortabler – und damit schwerer und etwas langsamer.

Der 911 Carrera RS 2.7 ist für Porsche vor allem eine Basis für den Motorsport. Die ersten 500 Exemplare des Autos baut der Hersteller für die FIA-Homologation ohne unnötiges Gewicht, also in einer 935 Kilogramm leichten Grundausführung. Nach dem offiziellen Wiegen gehen sie zurück ins Werk und erhalten die gegebenenfalls bestellte Zusatzausstattung. Die Kunden wählen zwischen drei Optionen. Diese sind:

RSH: Nur 17 Fahrzeuge behalten ihre ursprüngliche Homologationsspezifikation (Umbaucode 0). An ihnen verändert Porsche nach dem Wiegen nichts mehr. Lediglich fünf dieser Autos stammen aus der ursprünglichen, 500 Fahrzeuge starken Homologationsserie.

- Stoßstange vorn in Spoilerausführung aus Kunststoff
- Stoßstange hinten und Spoiler aus Kunststoff
- Scheiben in Dünnglas
- Wegfall sämtlicher Zierteile
- Wegfall vorderes Wappen
- Wegfall Schriftzüge Motordeckel
- Wegfall Heckdeckel-Schloss, dafür zwei Gummi-Haubenhalter
- Wegfall Unterbodenschutz
- Wegfall drei Gasfedern
- Vereinfachte Türrahmen mit Zugriemen
- Wegfall Handschuhfachdeckel
- Wegfall Beifahrersitz-Lehnenverstellung
- Wegfall Kleiderhaken
- Wegfall Beifahrer-Sonnenblende
- Wegfall Notsitze Fond
- Wegfall Uhr
- Wegfall Schalldämmmatten
- Wegfall Kofferraumauskleidung
- Wegfall Deckel für Lenkraum
- Tiefton-Fanfare
- Nadelfilz statt Teppich
- Recaro-Schalensitz mit verstellbarer Lehne
- Reifen 165VR15 auf 6-Zoll-Felgen vorn, 185VR15 auf 6-Zoll-Felgen hinten

RS Sport M471: Porsche verbessert im 911 Carrera RS 2.7 Sport die Alltagstauglichkeit, beschränkt diese aber auf das Nötigste: Rücksitze, Bodenteppiche, Uhr und Armlehnen fehlen weiterhin. Zwei leichte Sitzschalen ersetzen schwerere Sportsitze und das Porsche-Wappen auf der Fronthaube wird nur geklebt. Im Vergleich zum gemütlicheren Touring wiegt der Sport 115 Kilogramm weniger und kommt auf 960 Kilogramm Leergewicht. Porsche baut 200 Exemplare des RS Sport. Der Preis: 34.000 Deutsche Mark plus 700 Deutsche Mark für den „Umbausatz 471" (Sport-Paket RS für den Kundensport). Das beinhaltet:

- Beifahrer-Schalensitz mit verstellbarer Lehne
- Gasfedern für Motordeckel und Kofferraumdeckel
- Schlüsselleisten für Türtafeln, Handschuhfachdeckel
- Kleiderhaken
- Reifen 185/70VR15 auf 6-Zoll-Felgen vorn, 215/60VR15 auf 7-Zoll-Felgen hinten
- Kofferraumverkleidung
- Deckel für Lenkraum
- Unterbodenschutz teilweise
- Stabilisator vorn mit 15 Millimeter Durchmesser

RSL M472: Die meisten RS-Käufer entscheiden sich für die Variante Touring. Für mehr Fahrkomfort kommt für 2.500 Deutsche Mark der „Umbausatz 472" hinzu. Das Auto verfügt über die Ausstattung des 911 S, wiegt deshalb mehr als seine puristischen Geschwister und fährt etwas langsamer. Bis Tempo 100 benötigt der Touring 6,3 Sekunden, seine Höchstgeschwindigkeit beträgt 240 km/h. 1.308 Fahrzeuge entstehen mit der Spezifizierung RSL.

Obwohl der RS als Leichtbau-Sportler konzipiert ist, greifen Kunden beim Touring gerne zu schweren Optionen. Sie bestellen zum Beispiel elektrische Fensterheber (495 Mark). Drei Kunden wählen sogar ein elektrisches Schiebedach für 1.230 Mark. Am häufigsten ordern Sportfahrer die Sportsitze M409 für 250 Mark und das Sperrdifferenzial für 650 Mark (M220). Auch Koni-Stoßdämpfer (145 Mark) und ein Überrollbügel (385 Mark) sind beliebt. Kunden, die gerne zeigen, was sie für ein Auto fahren, wählen die seitlichen Carrera-Schriftzüge für 90 Mark oder die Porsche-Schriftzüge für 70 Mark. Die Serienausstattung ist noch deutlich umfangreicher:

- Stoßstangen hinten aus Stahlblech
- Zierleisten
- Deckelschloss hinten
- Wappen vorn
- Schalldämmmatten
- Doppel-Fanfare
- Türausstattung komplett
- Innenauskleidung inklusive Teppich wie 911 S
- Kleiderhaken, Handschuhfachdeckel
- Beleuchtung für Kofferraum, Handschuhfach, Aschenbecher
- Beifahrer-Sonnenblende
- Notsitze
- Scheiben wie 911 S
- Sportsitze wie 911 S
- Uhr
- Zweite Batterie
- Unterbodenschutz
- Wahlweise Serienmotorhaube aus Aluminium
- Reifen 185/70VR15 auf 6-Zoll-Felgen vorn, 215/60VR15 auf 7-Zoll-Felgen hinten

Der „Umbausatz 491" für den Motorsport: Im 911 Carrera RSR 2.8 gibt es breitere Kotflügel hinten, die Bremse des Porsche 917 und 2,8 Liter Hubraum. Dieses Exemplar verfügt außerdem über Kotflügel aus Kunststoff, Plexiglas-Fenster und einfachere Scheinwerfer. Es wiegt weitere 20 Kilogramm weniger als andere RSR.

Leichtbau bis ins Detail: Ein Blinddeckel auf der fünften Uhr im 911 Carrera RS 2.7 Sport. Die Touring-Version hat an dieser Stelle eine Quarz-Uhr, von der ab Ende März 1973 eine verbesserte Version verbaut wird.

Ein bisschen Gemütlichkeit: Schwere Sitze im 911 Carrera RS 2.7 Touring. Werksseitig verhindern schwarze Pinselstriche um die Türverkleidungen, dass die Wagenfarbe nach innen durchblitzt.

Viel Seitenhalt, wenig Gewicht: Die Schalensitze im 911 Carrera RS 2.7 Sport. Insgesamt stehen fünf verschiedene Sitze zur Wahl.

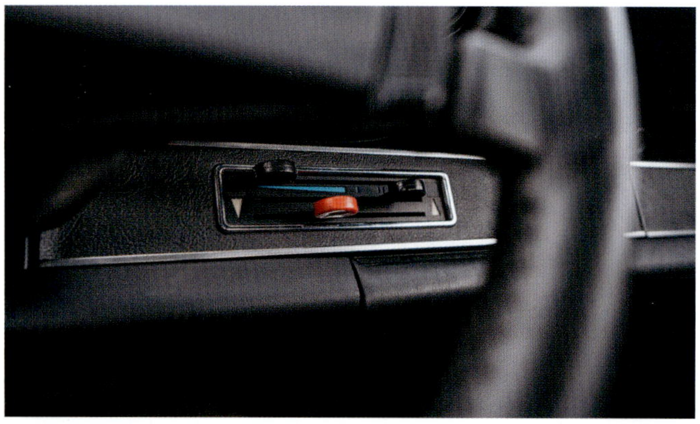

Gehört zum Nötigsten: Der leichte Porsche 911 behält seine Innenraumheizung. Das US-Modell erhält bedingt durch die lokalen Gesetze eine ausführliche Beschriftung.

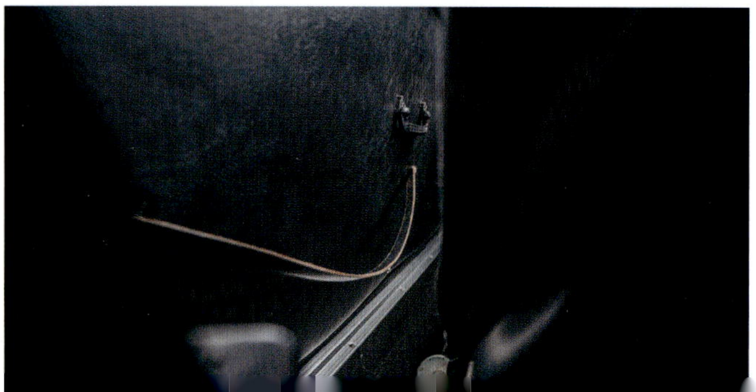

Wie beim Fiat 600 dienen im 911 Carrera RS 2.7 Sport einfache Seile als Zuziehhilfe.

RSR: Später kommt die reine Rennversion RSR („Umbausatz 491") hinzu. Der Preis: 25.000 Deutsche Mark zusätzlich zum Basisfahrzeug. Im Gegensatz zu den anderen Varianten konzipiert der Hersteller das Auto kompromisslos für den Motorsport. Innerhalb des Reglements der Gruppe 4 entstehen 55 Rennwagen, unter anderem mit fünf Zentimeter breiteren Kotflügeln für 9-Zoll- (vorn) und 11-Zoll-Felgen (hinten), Rennfahrwerk, Bremsanlage des 917 mit zwei Hauptbremszylindern und gerippten Bremszangen.

Die größte Veränderung betrifft aber den Motor. Porsche erhöht die Bohrung auf 92 Millimeter und erhält so einen 2,8-Liter-Sechszylinder. Höhere Verdichtung (10,3:1), größere Ventildurchmesser und modifizierte Ventilwinkel, Doppelzündung, Nockenwellen mit vier Lagerstellen, Motorölkühler und eine andere Auspuffanlage sorgen für 300 PS bei 8.000 U/min und ein Drehmoment von 290 Nm bei 6.300 U/min. Das Getriebe erhält ein Sperrdifferenzial und einen eigenen Ölkühler. Zur Wahl stehen unter anderem 120-Liter-Tank, Überrollbügel und andere Getriebeübersetzungen.

DER SCHRIFTZUG „CARRERA"

Der neue Spitzen-Elfer soll sich von den übrigen Modellen deutlich abheben. Deshalb sucht Porsche für den Verkauf nach einem neuen Zusatznamen. Als leistungsstärkstes Modell der ersten Generation trägt der 911 Carrera RS 2.7 als erster 911 den Beinamen „Carrera" – bis heute die Krönung des Porsche-Programms.

Der Schriftzug ziert die Seitenansicht zwischen den Radhäusern. Er stammt von dem mexikanischen Langstreckenrennen Carrera Panamericana ab, bei dem Porsche 1953 mit dem 550 RS Spyder einen Klassensieg einfährt und ein Jahr später Dritter im Gesamtklassement wird. Außerdem bedeutet das spanische Wort auf Deutsch „Rennen", und RS steht schließlich für „Renn Sport".

Der Begriff Carrera versteht sich zudem laut dem damaligen Pressetext als „Qualitätsprädikat für eine technische Delikatesse, die sich auf Rennpisten und Rallye-Strecken

Ein wichtiger Sieg: 1973 gewinnen Herbert Müller und Gijs van Lennep im 911 Carrera RSR die Targa Florio.

Im Frühjahr 1973 zeigt Porsche den 911 Carrera RS 2.7 auf dem Autosalon in Genf. Sein Debüt findet aber bereits im Oktober 1972 in Paris statt.

Ein Prototyp des 911 Carrera RSR tritt 1972 mit 2,8-Liter-Motor und der Bremsanlage des 917 bei den 1.000 Kilometern von Zeltweg an. Günther Steckkönig und Björn Waldegård (Foto) erreichen mit dem als „Porsche 911S 2.7" titulierten Auto den zehnten Gesamtrang.

Eingängige Verkaufsargumente: Leistung, Tempo, Beschleunigung. Dieses Plakat hängt 1972 in den Verkaufsräumen der Porsche-Händler.

bewährt hat". Kurz: Ein idealer Name für das Spitzenmodell des 911. „Wir wollten den schon berühmten und bekannten Namen ‚Carrera' einem Serienmodell zuordnen und überlegten uns, wie wir das am besten darstellen könnten", erinnert sich Harm Lagaaij, damals Designer bei Porsche. Vielleicht einfach draufschreiben? Bis dahin verwendet Porsche seitliche Schriftzüge nur vereinzelt an Rennwagen, bei denen zwischen den vorderen und hinteren Radhäusern der Name „Porsche" steht.

Originalzeichnungen existieren nicht mehr. Aber Harm Lagaaij erinnert sich, dass zwei Versionen des Schriftzuges entstehen. Bei der ersten sitzt er in einer Kontrastfarbe zum Karosserielack unten am Schweller, umrahmt von leichten Schattierungen. „Bei dunkler Lackierung wäre der Name aber nur sehr undeutlich zu lesen gewesen", erklärt der ehemalige Porsche-Designer. Zudem gibt der Aufkleber auf dem welligen Steinschlagschutz der Seitenschweller ein unsauberes Bild ab. Nur auf den ersten Prototypen und ersten ausgelieferten Fahrzeugen findet sich dieses Design – und in zeitgenössischen Prospekten.

STÜCKZAHLEN GESAMT:

Zu den ungefähr zehn verschiedenen Prototypen kommen folgende Modelle hinzu

Modell	Ausführung	Anzahl
911 Carrera RS 2.7	Touring (M472)	1.308
911 Carrera RS 2.7	Sport (M471)	200
911 Carrera RS 2.7	Basis (0)	17
911 Carrera RSR 2.8	RSR (M491)	55

Für die Serie entwickelt Harm Lagaaij mit seinem Team einen zweiten Vorschlag. Bei der Typografie greift das Design-Team auf die schon existierenden Varianten zurück, passt den Schriftzug lediglich in Höhe und Länge minimal an. Dabei werden die Buchstaben des Carrera-Schriftzugs in einer Kontrastfarbe zum Karosserielack eingerahmt, durchzogen von einem breiten Streifen in der gleichen Farbe. „Da der 911 RS 2.7 meist nur in hellen Lackfarben verkauft wurde, lässt sich der Schriftzug sehr gut lesen", sagt er.

UMFANGREICHES FARBPROGRAMM

Porsche bietet für den 911 Carrera RS 2.7 insgesamt 29 neue moderne und auffällige Farben an. Nur 27 davon sprüht der Hersteller auf die Karosserien. Bei Kunden beliebt werden Hellgelb (296), GP Weiß/Blau (205), GP Weiß/Rot (185), Hellelfenbein (160) und Blutorange (126). Raritäten bleiben Buschgrün (2), Fraise (4), Olive (4), Signalorange (5) und GP Weiß (7). Für Beigegrau und Elfenbein besteht keine Nachfrage.

Auf Wunsch tragen die Autos farbige Fuchs-Fünfspeichen-Räder. Weiß ist innerhalb der 911-Baureihe exklusiv dem RS vorenthalten. Eine Ausnahme gibt es nur für einen Targa E der Familie Porsche. Auf Metallic-Lackierungen verzichtet Porsche, da die zusätzlichen Lackschicken fünf Kilogramm mehr Gewicht bedeuten würden. Ausnahmen gibt es auch hier nur bei einigen Fahrzeugen für die Familie Porsche.

Verschiedene Karosseriebreiten: Der 911 Carrera RS 2.7 (hinten) mit schlankem Blech und der 911 Carrera RSR mit breiten Kotflügeln. Beide Autos entstehen auf dem gleichen Band. Vor der Hochzeit entnimmt Porsche die RSR aber aus der regulären Produktion und vollendet sie in der Motorsportabteilung.

Selbst in den Siebzigern sind die angebotenen Farben und Kombinationsmöglichkeiten dennoch für einen Sportwagen eher frech und ungewöhnlich. Der damalige Porsche Design-Chef Anatole Lapine lässt seiner Mannschaft großen kreativen Spielraum. „Das war mehr als eine Fingerübung. Denn der Schriftzug musste in der Form und Farbgebung zum Charakter passen wie die gesamte Aussage des Modells", erklärt Harm Lagaaij.

Die zweite Variante lässt sich einfacher produzieren und auf die Karosserie kleben. Nach dem Zwei-Schichten-Prinzip bringen Porsche-Mitarbeiter in der Produktion den Doppelaufkleber an der Seite oberhalb des Steinschlagschutzes an und ziehen anschließend die oberste Schicht ab – reine Handarbeit. Weitere Kennzeichen des Top-Elfers sind der inverse „Porsche"-Schriftzug über die Breite des Heckdeckels, „Carrera RS" auf der Unterseite des Bürzels sowie die in Chrom dargestellte „2.7" – noch heute ein besonders schönes Detail.

ERSTE RENNERFOLGE

In den 1970er Jahren gilt noch der alte Verkaufsslogan „Win on Sunday, sell on Monday". Rennerfolge sind für den Sportwagenhersteller Porsche immens wichtig. Im Juni 1972 läuft ein Vorläufer des 911 Carrera RS 2.7 bei einem Rennen am Österreichring in der Prototypenklasse. Um noch unentdeckt zu bleiben, setzt ein privates Rennteam das Auto ein. Mit Kotflügelverbreiterungen und zwei Arten von Heckspoilern geht der Rennwagen auf die Strecke. Als Antrieb dient ein leistungsgesteigerter 2,8-Liter-Boxer, ein Vorläufer des späteren RSR-Renntriebwerks.

Im Juni 1972 startet ein erster RSR-Prototyp („Renn-Sport-Rennen") mit einer stark verbreiterten Karosserie bei den 1.000 Kilometer von Zeltweg am Österreichring. Beim inoffiziellen Porsche-Werkseinsatz fährt Günter Steckkönig mit einem leicht getarnten Rennwagen als Prototyp direkt auf den zehnten Platz im Gesamtklassement.

Exklusive Farbe: Porsche lackiert innerhalb der Baureihe nur den Carrera RS 2.7 in Grandprix-Weiß. Nur für diesen Lack stehen Carrera-Schriftzüge in Grün, Rot oder Blau (passend zu den Felgen) zur Wahl.

Porsche entwickelt 29 neue moderne und auffällige Farben, von denen aber nur 27 auf Autos Verwendung finden. Besonders beliebt: Hellgelb, Grandprixweiß/Blau, Grandprixweiß/Rot, Hellelfenbein und Blutorange. Dazu kommen auf Wunsch farbige Fuchs-Fünfspeichen-Räder. Schwarz wird stets getaucht, Grün, Rot und Blau per Handarbeit lackiert.

Porsche legt den Schwerpunkt auf die Rundstrecke. Der sportlichste 911 startet trotzdem bei der East African Rallye – wenn auch nur mit kleiner Mannschaft und kleinem Budget.

Wichtiger Erfolg: Der Siegerwagen der Targa Florio 1973 mit der Startnummer 8 von Herbert Müller und Gijs von Lennep sichert den elften Porsche-Triumph bei dem traditionsreichen Langstreckenrennen auf Sizilien.

Nicht nur auf der Rundstrecke schnell: Mit einem dritten Platz hinter dem Werks-Lancia Stratos von Munari/Andruet komplettieren Leo Kinnunen und Claude Haldi das Podium der 73er-Targa.

Nach dem Renndebüt eines 911 Carrera RSR mit einer stark verbreiterten Karosserie bei der Tour de Corse im November 1972 entschließt sich Porsche, für 1973 die Erfolgsgeschichte des 911 im Rennsport auszuweiten. Porsche will mit einem Werksteam bei der Markenweltmeisterschaft 1973 teilnehmen, unter anderem mit den Spitzenfahrern Herbert Müller und Gijs van Lennep.

Anfang Februar 1973 geht beim 24-Stunden-Rennen von Daytona ein von Peter Gregg und Hurley Haywood pilotierter RSR mit 22 Runden Vorsprung durchs Ziel. Ein fulminanter Start in die neue Saison. Herbert Müller und Gijs van Lennep gewinnen im Mai 1973 bei der Targa Florio. „Der Sieg war wichtig für uns, weil es gezeigt hat, dass der RSR mit dem größeren Heckflügel auf Rundstrecken und Rallye-Strecken sehr schnell fährt“, erinnert sich Peter Falk.

Die Targa Florio bietet zwar kein Geröll, aber Topografie und Streckenverlauf einer Rallye. In der ersten Saison erringt der 911 Carrera RSR drei internationale und sieben nationale Meisterschaften – und begründet damit den Erfolg des 911 für die nächsten Jahrzehnte. Beim Internationalen Race of Champions (IROC) im Oktober 1973 setzt Roger Penske aus den USA zwölf identische 911 Carrera RS 2.7 ein, in denen Fahrer aus unterschiedlichen Rennklassen gegeneinander antreten.

Neben dem Werksteam setzen viele Privatfahrer- und Teams auf den 911 RSR und erlangen in den nächsten Jahren zahlreiche Siege bei nationalen und internationalen Veranstaltungen. Für die Saison 1974 erweitert Porsche den Hubraum auf 3,0 Liter und erreicht eine Leistung von 330 PS.

Porsche setzt den 911 auch im Rallyesport ein. Die East African Safari im April 1973 und die 1.000 Lakes Rallye im August 1973 gelten als Testläufe für künftige Einsätze. Perfekt vorbereitet geht Porsche mit zwei 911 RS-Modellen im April 1974 bei der East African Rallye an den Start. Björn Waldegård und Hans Thorszelius werden bei der kraft- und materialraubenden Rallye nach 5.000 Kilometern Zweite im Gesamtklassement. Nur wegen der Annullierung einer Etappe verpasst Porsche am Ende den verdienten Sieg.

VOM RENNAUTO ZUM ANLAGEOBJEKT

Mit dem 911 Carrera RS 2.7 entwickelt Porsche ein Fahrzeug, das Kunden im Alltag und bei Rennen nutzen können. Auf eigener Achse zum Rennen und danach wieder nach Hause? Mit dem neuen Modell ist das kein Problem.

„Der 911 RS 2.7 wäre das einzige historische Porsche-Fahrzeug, das ich heute gerne besitzen würde. Damals war es für mich unerreichbar, ich fuhr zu der Zeit einen 914 2.0. Aber ich hatte das Glück, an diesem tollen Projekt mitarbeiten zu dürfen, um so den Weg für besseres Fahrverhalten und auch für die durch Spoiler stark geprägte Optik entscheidend mitzuebnen“, sagt Tilman Brodbeck im Nachgang.

Am 10. Juli 1973 baut Porsche den letzten 911 Carrera RS 2.7 im Werk in Zuffenhausen. 50 Jahre nach seinem Debüt kosten gute Exemplare aktuell mehr als eine Million Euro.

„Sie müssen schon sehr schnell sein, um Deutschlands schnellstes Auto zu fahren." Porsche wirbt 1972 mit der geringen geplanten Stückzahl des 911 Carrera RS 2.7 – und mit seinem Tempo. In anderen Anzeigen titelt der Hersteller: „Deutschlands schnellste Rarität: Auflage 500" und „Der Porsche Carrera RS: Nur 500 Männer werden ihn fahren."

Carrera
Porsche Museum

DIE G-SERIE

PORSCHE 911 CARRERA RS 3.0

ZEHN JAHRE NACH DER PREMIERE DES 911 ÜBERARBEITET PORSCHE DEN SPORTWAGEN GRÜNDLICH, ABER EVOLUTIONÄR – DIE SILHOUETTE DARF AUF KEINEN FALL VERWÄSSERT WERDEN. MIT DEM MODELLJAHR 1973 BEGINNT NACH DEN WERKSFERIEN IM AUGUST DIE SERIENPRODUKTION DES NEUEN 911, INTERN G-SERIE GENANNT. ZUM ERSTEN MAL VERÄNDERT PORSCHE DIE KAROSSERIE MASSGEBLICH.

Mit dem 911 Carrera RSR 3.0 meldet sich Porsche mit der stärksten Ausbaustufe des G-Modells an der Rennstrecke zurück.

Das Auto wird zum neuen Modelljahr länger. Insgesamt misst es nun 4.291 Millimeter. Neue Stoßstangen aus Kunststoff erfüllen die strengen US-Crashvorschriften. Porsche bietet die Varianten Coupé, Targa (ab 1973), Cabrio (ab 1983) und Speedster (ab 1988) an. Mit Einführung des 911 SC verbreitert Porsche ab 1977 die Karosserie für alle Modelle. Die G-Serie und der 911 werden mit dieser Karosserie 16 Jahre bis Mitte 1989 (Ende des K-Programms) hergestellt.

Die klassische Form erbt das G-Modell vom Vorgänger, dem F-Modell. Der Entenbürzel steht nun für alle Derivate als aufpreispflichtige Option bereit. Ab sofort bekommt zudem jeder 911 einen Motor mit 2,7 Litern Hubraum. Was eben noch besonders war, ist nun fast schon Standard. Da tröstet es wenig, dass Porsche den Antrieb in verschiedenen Leistungsstufen von 150 bis 210 PS einsetzt.

Der Marktstart der G-Serie fällt auf einen ungünstigen Zeitraum. Die Ölpreiskrise im Herbst 1973 trifft Porsche schwer. 1974 gehen die Bestellungen bei Porsche um 40 Prozent zurück, der gesamte deutsche Automarkt bricht ein. Beim 911 sind es 30 Prozent weniger als im Vorjahr. Die Bundesregierung setzt Tempo 100 auf Autobahnen und autofreie Sonntage durch. Doch Porsche entwickelt längst Sportwagen für die ganze Welt. Auch für Länder, in denen die Ölkrise nicht so heftig zuschlägt.

PORSCHE 911 CARRERA RS 3.0

Nur zwei Jahre nach der Einführung des 911 Carrera RS 2.7 fährt sein fast neuer Antrieb nicht mehr in der ersten Liga. 210 PS sind 1974 auf der Straße weiterhin sehr viel. Aber auf der Rennstrecke entwickelt sich das Leistungsniveau schneller. Für den Motorsport ist der große Boxer nicht mehr stark genug. Deshalb plant Porsche im Sommer 1973 einen neuen Supersportwagen.

Der Nachfolger des 911 Carrera RS 2.7 soll eine sportliche Leichtbauversion des neuen 911 werden und als Kleinserie entstehen, um Rennen fahren und gewinnen zu können. Schließlich hat Porsche den Titel des GT-Europameisters zu verteidigen.

Bei der Entwicklung geht es vor allem darum, die Stärken des Autos – Motor, Aerodynamik, Gewicht und Traktion – zu verbessern. Im Lastenheft stehen mehr Kraft, ein wirksamerer Heckspoiler, eine größere Rad-Reifen-Kombinationen sowie ein Trockengewicht von 900 Kilogramm. Mit diesen Vorgaben entwickeln die Ingenieure einen Carrera RS (Gruppe 3, Serien-GT) und einen Carrera RS + M491 (Rennpaket Gruppe 4).

Porsche beschreibt die Modelle intern wie folgt: „Der Grundtyp stellt den weiterentwickelten Carrera RS in G-Ausführung dar. Das Fahrzeug besitzt einen 3,0-Liter-Motor für die Straße und kann für den Straßenverkehr zugelassen werden. Der Typ wird jedoch nur in einer begrenzten Stückzahl zur Verfügung stehen und ist für den Wettbewerb der Gruppe 3 hervorragend geeignet. Das Fahrwerk ist bis auf wenige Ausnahmen ein echtes „Rennfahrwerk", kompromisslos hart, direkt und bietet wenig Komfort."

Zum Rennpaket M491 gehören unter anderem ein weiterentwickelter 3,0-Liter-Rennmotor, Speichenräder vorn in neun Zoll und hinten in 12 Zoll mit Zentralverschluss und passenden Kotflügelverbreiterungen. Beide Modelle erhalten einen in der Wirkung verbesserten Heckspoiler.

WEITERENTWICKLUNG FÜR DEN MOTORSPORT

„Beim 911 RS 3.0 mussten wir uns aus Homologationsgründen etwas einfallen lassen. Wir haben wie die Wettbewerber eine breitere Karosserie genommen, um durch vergrößerte Spur und breitere Reifen mehr Traktion zu erhalten", erinnert sich Jürgen Barth. Seit 1969 verantwortet er die Sport-Homologation bei Porsche. Der Hersteller will kein neues Auto entwickeln, denn das Geld ist wie immer knapp.

Deshalb beschränken sich die Ingenieure auf eine Evolution des Carrera 911 RS 2.7. Die Typisierung eines ganzen Fahrzeuges entfällt. Es handelt sich um eine Serienfertigungsänderung, eine sogenannte Nachhomologation. Anders gesagt – ein umfangreiches Update.

Im neuen Auto arbeitet ein Boxer-Motor mit 3,0 Litern Hubraum. Damit wird eigentlich eine neue FIA-Homologation notwendig. Doch das Team um Jürgen Barth wendet einen Trick an, um weniger neue Autos herstellen zu müssen. „Nach dem FIA-Reglement mussten wir 100 Autos bauen. Den im selben Jahr 50-mal gebauten RSR mit dem 3,0-Liter-Motor konnten wir aber mitzählen, weil wir den Kommissaren glaubhaft erklären konnten, dass das neue Modell eine Evolution war. Aus dem 3,0 RSR wurde der 3,0 RS," sagt Barth in der Rückschau.

Das spart Kosten. Porsche erlangt die Homologation des RS 3.0 schnell. Die geringe Stückzahl erübrigt eine groß angelegte Serienproduktion. Porsche baut die geringe Anzahl sportlicher Derivate in Handarbeit.

Der RSR dient als reiner Rennwagen, daher nur ein Fahrersitz und abgespeckte Ausstattung.

Der größere Heckflügel sorgt für mehr Abtrieb, die breitere Spur mit breiteren Reifen für mehr Traktion.

Einige italienische FIA-Kommissare stellen sich zunächst quer, weil sie die Verstärkung des G-Modells an der Hinterachse nicht akzeptierten – dabei ist diese in allen Serienautos vorhanden und damit im Motorsport zulässig. „Die wollten es nicht begreifen oder haben es nicht begriffen. Daher habe ich eine ganze Seite als Nachtrag für die FIA-Homologation geschrieben, um diese Verstärkung zu erklären", sagt Barth. Danach gibt es keine Probleme mehr.

STÄRKSTER DEUTSCHER SPORTWAGEN

1974 stellt Porsche den 911 Carrera RS 3.0 vor. Der Nachfolger des 911 Carrera RS 2.7 wiegt fahrfertig mit allen Betriebsstoffen 1.060 Kilogramm. Das Leergewicht für die Homologation liegt bei 900 Kilogramm. Sein neuer 3,0-Liter-Sechyzlinder-Boxer leistet 230 PS. Damit ist er bei seiner Markteinführung das stärkste Serienauto aus deutscher Produktion.

Mit einem Preis von fast 65.000 Mark kostet er allerdings so viel wie ein Ferrari 365 GTB oder ein Maserati Bora. Beide sind noch stärker. Nach dem Erfolg des 911 Carrera RS 2.7 ist sich Porsche dennoch sicher, dass die Autos schnell Käufer finden.

In der Pressemeldung von 1974 schreibt Porsche: „Das neue Modell ist als optimales Gruppe-3-Auto für Wettbewerbszwecke ausgelegt, aber auch für den Straßengebrauch geeignet. Für reine Rennzwecke steht dieser noch leistungsfähigere und chancenreichere Carrera RS den Kunden auf Wunsch auch wieder in Rennausführung (verbessert nach Gruppe 4) zur Verfügung, um die dominierende Stellung in den internationalen GT-Championaten zu verteidigen."

Zunächst trudeln die Bestellungen nur spärlich ein. Schuld sind die Ölpreiskrise im Oktober 1973 und eine Tempobegrenzung auf Autobahnen. Doch als die damalige Bundesregierung die Krise für beendet erklärt, zieht der Verkauf für den Supersportwagen spürbar an. Damit bestätigt sich die Theorie des Herstellers, dass die RS-Philosophie ein echtes Verkaufsargument ist.

LEICHTBAUMASSNAHMEN

Um Gewicht zu sparen, baut Porsche Dachaußenhaut, Türenaußenhaut, Sitzmulde und Schalttafel aus Dünnblech. Verstärkungen und Abstützungen im Bereich der Federstrebenlager, Stabilisatorlager hinten und der Fußstütze sorgen für Stabilität. Die Querträger hinten und die vorderen Radläufe ändert Porsche im Hinblick auf den Einsatz zusätzlicher Schraubenfedern.

Die bieten eine exakteres Ansprechverhalten und dadurch ein besseres Fahrverhalten als die serienmäßigen Drehstäbe. Laut Homologation sind diese Änderungen erlaubt, wenn sie die originalen Federn nicht ersetzen, sondern ergänzen. Ein Trick, den auch andere Hersteller nutzen. Dabei wird die originale Feder schwächer ausgeführt und die Zusatz-Schraubenfeder mit besserer Wirkung übernimmt die Arbeit.

Im Innenraum geht es wie gewohnt spartanisch zu: Nacktes Interieur ohne Bodenteppich und Dämmmaterial, dafür schwarzer Nadelfilz auf den Sitzen. Die Klappe des Handschuhfachs, Türtaschen und Armlehnen an den Türen fehlen. Stattdessen fungieren wieder Fiat-600-Seile als Zuziehhilfe an den Türen. Die Uhr entfällt, genau wie beim Vorgänger.

Anstelle von Sportsitzen halten dünnwandige Recaro-Leichtbau-Schalen die beiden Passagiere fest. Während sich der Fahrersitz in der Neigung verstellen lässt, bleibt der des Beifahrers starr. Vierpunktgurte fixieren beide Insassen fest im Auto. Eine leichte Deckelstütze für die Haube ersetzt den schweren Stoßdämpfer.

Erfolg in Daytona 1975: Peter Gregg und Hurley Haywood gewinnen das 24-Stunden-Rennen. Weitere Porsche 911 Carrera RSR landen auf den Rängen 2 bis 6.

Nur durch einen Trick erlangt der 911 RS eine Homologation – Porsche rechnet den RSR hinzu und kommt damit auf die geforderten Stückzahlen. Mit den 330 PS fährt der Rennwagen von 1974 bis zu 280 km/h schnell.

Während die Frontscheibe aus 4,2 Millimeter dickem Serienglas besteht, baut Porsche hinten und an der Seite Scheiben aus Dünnglas ein. Die seitlichen Fondfester sind fest installiert und lassen sich nicht ausstellen. Um eine besonders sportliche Optik zu erzielen, eloxiert Porsche Fenstereinfassungen, Außenspiegel und Scheinwerferzierringe in Schwarz.

ZUM ERSTEN MAL ECHTER ABTRIEB

Am Heck kommt ein weiterentwickelter Spoiler aus glasfaserverstärktem Kunststoff (GFK) und Polyurethanumrandung zum Einsatz. Schon bei der ersten Evolutionsstufe gelingt den Aerodynamikern ein wichtiger Meilenstein. Mit sechs Zentimetern mehr Breite und ausgiebiger Gummibördelung sorgt der Flügel nun für richtigen Abtrieb. Der Vorgänger konnte nur den Auftrieb verringern.

Nicht zu unterschätzen: Der neue Flügel sieht mächtig aus und gibt dem Heck eine bullige Note – ebenfalls ein Verkaufsargument. Der Spoiler ist allerdings so ausladend, dass Porsche erneut Ärger bei der Zulassung befürchtet. Eine Erfahrung aus der Produktion des Vorgängers. Um dem Problem prophylaktisch aus dem Weg zu gehen, nimmt der TÜV in Stuttgart das Bauteil bei jedem Auto per Einzelabnahme. Sicher ist sicher.

Den Heckspoiler mit umlaufender Gummileiste bietet Porsche in zwei Versionen an: Als Rennspoiler und als Straßenspoiler, der erst bei der Anlieferung beim örtlichen Händler montiert wird. Auf einen Bug-Spoiler wie beim Vorgänger verzichtet Porsche. Stattdessen integriert der Hersteller einen breiten Ölkühler und zwei Luftschächte für die vorderen Scheibenbremsen in die GFK-Front. Die Wirkung kommt der des vorherigen Bugspoilers nahe.

EIN GRÖSSERER MOTOR

Der Modellwechsel bedeutet für den 911 eine große Verbreitung des Spitzenmotors. 2,7 Liter Hubraum sind der neue Standard, vom Basismodell bis zum 911 Carrera. Um die sportliche Spitze abzugrenzen, bearbeitet Porsche den Serienmotor nach der mittlerweile bewährten RS-Taktik: Der Sechszylinder wird in seiner sportlichsten Ausprägung größer, raffinierter und stärker.

Die Ingenieure erweitern die Zylinderbohrung von 90 auf 95 Millimeter. Damit erreichen sie ein Gesamtvolumen von 2.993 Kubikzentimetern. Größere Einlass- und Auslassventile mit 49 beziehungsweise 41,5 Millimetern Durchmesser erhöhen den Gasdurchfluss. Die Verdichtung steigt deutlich von 8,85:1 auf 9,8:1. Zusätzlich macht eine leichte Schwungscheibe das Aggregat drehfreudiger.

Die Maßnahmen bedeuten konstruktive Änderungen für den Motor. Porsche baut das Kurbelgehäuse nicht mehr aus Magnesium, sondern aus strapazierfähigem Aluminium. Der Grund: Das Material würde dem Druck des 3,0-Liter-Motors laut Berechnungen nicht standhalten und reißen.

Die maximale Leistung von 230 PS erreicht der Boxer bei 6.200 U/min, das maximale Drehmoment von 274 Nm liegt bei 5.000 U/min an. Obwohl der Carrera RS 3.0 einer der stärksten Serien-Porsche dieser Zeit ist, stößt er nicht an seine mechanische Belastungsgrenze. Die Triebwerke der reinen

Rennwagen wie der 911 RSR 3.0 von 1974 landen nach der aktiven Zeit bei Sammlern auf der ganzen Welt. 2016 kommt der Rennwagen im auffälligen Jägermeister-Look zurück nach Deutschland.

CJ
Jägermeister

Rennwagen leisten rund 330 PS. Porsche lässt selbst den schärfsten Serien-Sportlern ausreichend Reserven.

Für mehr Haltbarkeit bei extremen Belastungen sorgen im übernommenen Fünfgang-Getriebe des 911 Carrera RS 2.7 Spritzschmierung und Ölpumpe sowie Ölkühlung mittels einer Kühlrohrschlange im vorderen, linken Radlauf. Eine Fichtel & Sachs-Serienkupplung mit erhöhter Pressung leitet die Motorkraft ins Getriebe. Für mehr Traktion in Kurven sorgt ein Sperrdifferenzial mit 80 Prozent Sperrfaktor.

SCHNELL, ABER NICHT SCHNELLER

Von Null auf 100 km/h benötigt der Porsche 5,5 Sekunden, bis 200 km/h vergehen 23,6 Sekunden. Die Höchstgeschwindigkeit liegt bei 250 km/h bei 6.400 U/min. Im Vergleich zum Vorgänger ein nur leicht verbesserter Wert – ein Tribut an den großen Heckspoiler. Autotester, Rennfahrer und Journalist Paul Frère bemerkt: „Der aktuelle Wagen war eine Meile langsamer als der 911 Carrera RS 2.7, obwohl seine Beschleunigung fast gleich geblieben ist. Dennoch ist dies eines der schnellsten Straßenautos, die wir je gemessen haben. Die Geschwindigkeit von 100 km/h wird in atemberaubenden 5,2 Sekunden erreicht, dank der überragenden Hinterradhaftung, und die Viertelmeile wird in 14 Sekunden zurückgelegt."

Porsche kommt es vor allem auf die Dynamik bis 180 km/h an. Zeitgenössische Tester sind von Kraft und Beschleunigung überzeugt, vergleichen sie mit einem Raketenstart. Erst bei Geschwindigkeiten oberhalb von 180 km/h lässt der Vorschub etwas nach, wie die Profis der Zeitschrift *auto motor und sport* bemerken. Für einen Sportmotor ungewöhnlich: Piloten können den 911 schaltfaul fahren. Im fünften Gang zeigt der Boxer von 2.000 bis über 7.000 U/min gutes Benehmen.

UMBAUTEN FÜR DEN MOTORSPORT

Beim Rennpaket für die Gruppe 4 beträgt die Leistung bei gleichem Hubraum 330 PS. Dafür steigt die Verdichtung des Motors von 9,8:1 auf 10,3:1, der Drehzahlmesser skaliert bis 10.000 U/min. Statt sechs einzelne Drosselklappen besitzt die Rennversion einen Flachschieber je Zylinderreihe, eine Doppelzündung ersetzt die einfache Zündung. Zwei Einzelrohranlagen führen die Abgase in einem Auspuff zusammen. Die Kraft wird über eine stabile Rennkupplung von Fichtel & Sachs aufs Getriebe übertragen.

Damit der Motor bei Vollgas ausreichend Sprit erhält, vorsorgen ihn gleich zwei Benzinpumpen mit Kraftstoff aus dem 110-Liter-Tank. Für eine FIA-Zulassung baut Porsche Feuerlöschanlage, Überrollbügel und Recaro-Rennsitze mit Sechs-Punkt-Gurten serienmäßig in den Rennwagen.

Mit Volldampf durch die Grüne Hölle: Der Schweizer Herbert Müller pilotiert zusammen mit Gijs van Lennep (NL) beim 1000 km-Rennen auf dem Nürburgring 1974 einen Porsche 911 Carrera RSR 2.1 Turbo auf Platz 6, vor den Teamkollegen Manfred Schurti (FL) und Helmuth Koinigg (A).

Meisterstück in Sachen Leichtbau: Mit bis zu 500 PS bei 1,5 bar Ladedruck beschleunigt der nur 825 Kilogramm schwere 911 Carrera RSR Turbo 2.1 in 8,8 Sekunden auf 200 km/h. Für eine optimale Gewichtsverteilung sitzt der Treibstofftank an der Stelle des Beifahrersitzes. Das Fahrwerk arbeitet mit Dreieckslenkern rundum, die Halbwellen, Räder und Bremsen stammen vom bewährten 917.

MODIFIKATIONEN AM FAHRWERK

Beim Fahrwerk wagt Porsche keine Experimente. Die Ingenieure nutzen das Setup des Vorgängers 911 Carrera RSR 2.8, verstärken es aber an vielen Stellen. Sie bauen Alu-Hilfsträger an der Vorderachse, verstärkte Lenker und Dämpfer von Bilstein ein. Bei den Lenklagern greift Porsche auf Serienteile zurück. An der Hinterachse verstärken Ingenieure die kurzen Stahllenker, verwenden bei der Lagerung aber wieder Serienteile. Die Drehstabfederung ist mit einem Durchmesser von 18 Millimeter dicker als das Vorgänger-Bauteil, ebenso der Stabilisator mit gleichem Durchmesser. Der lässt sich in der Rennversion verstellen. Dadurch verbessert sich das Handling deutlich. Bei Straßenlage, Fahrverhalten und Leistung ist der neue Carrera seinem Vorgänger überlegen.

„In Haarnadelkurven besteht wegen des Sperrdifferenzials eine verstärkte Tendenz, die Front geradeaus zu schieben, es sei denn, man kommt schnell genug mit dem Gaspedal in die Kurve und schwingt das Heck mit Kraft herum“, schreibt Paul Frère zum Fahrverhalten des Autos.

MEHR TRAKTION IM RS

Unter die verbreiterten Kotflügel passen beim neuen Modell auch breitere Reifen. Vorn installiert Porsche die Größe 215/60VR15 auf 8-Zoll-Felgen, hinten 235/60VR15 auf 9-Zoll-Felgen. Heute eher ungewöhnlich bei einem Werksrennwagen: Distanzscheiben verbreitern die Spur des Serienautos. Sie messen vorn sieben Millimeter, an der Hinterachse 21 Millimeter. Felgen mit anderer Einpresstiefe wären wohl teurer gewesen.

Beim Sportpaket sorgen exaktere Lagerungen für präziseres Lenkverhalten. Porsche adaptiert die Räder des 917, denn diese lassen sich per Schnellverschluss wechseln. An Bug und Heck werden die Stoßfänger auf die Kotflügelverbreiterungen aus GFK angepasst, um die breiten Reifen einigermaßen unterzubringen.

Die Bremse des Autos stammt aus der Sport-Oberklasse. Die Ingenieure übernehmen die Anlage des Rennwagens Porsche 917 Turbo Kurzheck mit mehr als 1.000 PS. Sie presst ihre Beläge mit vier Festkolben pro querverrippter Bremszange gegen die gelochten und innenbelüfteten Scheiben. Die vorderen Kolben haben einen Durchmesser von 43 Millimeter, die hinteren 38 Millimeter – im Vergleich zum Vorgänger ist das eine Erhöhung der Bremsfläche von 7.600 auf 11.800 Quadratmillimeter. Für eine feinere Dosierung lässt sich die Bremskraftverteilung mittels eines vor dem Hauptbremszylinder eingebauten Waagebalkens verändern. Fahrer können die Bremsbalance zwischen Vorder- und Hinterachse individuell einstellen – feinste Renntechnik, im Serienmodell. Die Bremsanlage des 917 kostet damals so viel wie ein Mittelklasseauto und zeigt, dass Porsche den Carrera RS 3.0 nicht einfach stumpf frisiert, sondern ein ernstzunehmendes Sportgerät für die Rennstrecke konzipiert. Auch nach harten Bremsmanövern im Wettbewerb tritt kein Fading auf.

„Wer im Carrera RS vom Gaspedal zur Bremse überwechselt, darf sich in dem beruhigenden Gefühl sonnen, eine Anlage in Betrieb zu nehmen, die es ebenso mit dem über 1.000 Pferden des Turbo 917 aufnimmt. Die Pedalkräfte, die zum wirksamen Bremsen aufgebracht werden müssen, sind relativ hoch, doch von einem Nachlassen der Bremswirkung kann selbst unter extremen Bedingungen keine Rede sein“, schreibt Journalist Klaus Westrup in der *auto motor und sport* später bei einem Test über den neuen Porsche.

KLEINSERIE AB HERBST 1973

Porsche beginnt mit der Produktion der geplanten Fahrzeuge im Herbst 1973, um die Homologation für April 1974 zu erreichen. Der neue Carrera RS kostet 64.980 Mark, rund 25.000 Mark mehr als der 210 PS starke 911 Carrera (39.950 Mark) und fast doppelt so viel wie der Vorgänger 911 Carrera RS 2.7 (34.000 Mark). Für den Umbau zum reinen Rennfahrzeug kommen noch mal 15.000 Mark dazu – Porsche hat schnell begriffen, dass sich die Leichtbauvarianten gut verkaufen. Insgesamt entstehen 109 Fahrzeuge, davon 50 reine RSR für die Rennstrecke. Andere Quellen berichten von 53 oder sogar 56 Fahrzeugen. Beim International Race of Champions (IROC) im Oktober 1973 setzt Roger Penske aus den USA zwölf identische 911 Carrera RSR 3.0 ein, in denen Fahrer aus unterschiedlichen Rennklassen gegeneinander antreten. Andere Quellen sprechen gar von 15 Fahrzeugen.

Den RS 3.0 fahren meist Kundenteams, nicht das Werk. Bis Ende der 1970er Jahre wird das Modell gerne bei Rundstrecken-Rennen und Rallyes eingesetzt. Die Ersatzteilversorgung bleibt zuverlässig, da die Serienfahrzeuge unverändert weiter gebaut werden. Nur mit der Leistung hadern am Ende des Jahrzehnts einige Sportfahrer.

Besonders auffällig sind bei RSR 3.0 die Kotflügelverbreiterung, extrem breite Reifen und die Lufteinlässe.

PORSCHE 911 SC CARRERA RS

Ende der 1970er Jahre geht es Porsche wirtschaftlich schlecht. Rennwagen lassen sich kaum noch verkaufen. Und wenn, dann in den Motorsport-Gruppen 5 und 6. „Fahrzeuge wie 934, 935 und 936 waren angesagt, weniger ein 911 für die Gruppe 3", erinnert sich Jürgen Barth „Einige Kunden wollten mit dem 911 aber weiter Rallye fahren, also mussten wir ein neues Modell homologieren."

Das Problem: Fünf Jahre nach Ende der Produktion eines Modells läuft die FIA-Homologation automatisch aus. Der 911 Carrera RS 3.0 dürfte dann also nicht mehr bei

Mit dem 911 SC Carrera RS frischt Porsche 1983 die Homologation neu auf, damit die Fahrzeuge weiter bei internationalen Rallyes starten können.

0 VHRS
ABARTH
0 VHRS
MUSEUM

„Heilige Halle“, „Schatzkammer“, „Tresor“ oder einfach nur „Depot“ nennt Porsche das Außenlager seines Museums. Hier parken über 300 der schnellen Fahrzeuge aus der langen Geschichte, wie der 911 SC RS.

Aus dem Lastenheft: „Auf Basis des Fahrzeugs 911 SC soll als Evolutionsserie ein straßenzulässiges Wettbewerbsfahrzeug entwickelt werden."

Für die FIA-Zulassung benötigt der 911 SC Carrera RS einen Feuerlöscher an Bord.

offiziellen Rennen antreten. Zuletzt starten Werks-Porsche mit ihm bei der East African Safari 1978, wo die Autos zwar das Ziel nicht erreichen, aber trotzdem den zweiten Platz belegen. In den folgenden Jahren setzen nur noch Privatteams den 911 bei Rallyes ein. „1983 bin ich mit der Erlaubnis unserer Chefs zusammen mit Roland Kussmaul im 911 SC die Monte Carlo Rallye gefahren, damit wir weiter im Geschäft bleiben, den Kontakt zu den Kunden halten und in der Praxis sehen, was abgeht", erinnert sich Jürgen Barth. Es ist das letzte Jahr, in dem der 911 nach den FIA-Richtlinien eingesetzt werden darf. Barth und Kussmaul fahren auf Platz 11 des Gesamtklassements.

„Uns war klar, dass wir weitere Einsätze bei Rallyes nicht gefährden durften und haben die Geschäftsleitung überzeugen können, mindestens 25 Rennwagen zu bauen", sagt Jürgen Barth. Um eine gültige Homologation weiterzuführen und die Autos weiter nach FIA-Reglement im Rallyesport einzusetzen, bedarf es mindestens 20 Fahrzeugen. Andernfalls hätten 911er im Wettbewerb nicht mehr an den Start gehen können. „So haben wir es geschafft, dass der Elfer fünf weitere Jahre an internationalen Wettbewerben starten darf".

Die Konkurrenz bei der Rallye-WM zeigt sich schon damals sehr stark. Turbomotoren, Allradantrieb und leichte Karosserien machen die Fahrzeuge zu Geschossen auf Schotter, Matsch und Sand. Eigentlich zählt der 911 SC da schon zum alten Eisen. Dennoch probiert es Porsche.

EIN PORSCHE 911 FÜR DIE GRUPPE B

Am 24. April 1983 stellt Porsche das Lastenheft für den 911 SC Carrera RS, intern Typ 954, aus. Porsche-Chef Helmuth Bott genehmigt die Entwicklung des neuen, leichten Supersportwagens am 23. Juni 1983. Die Beschreibung: „Auf Basis des Fahrzeugs 911 SC soll als Evolutionsserie ein straßenzulässiges Wettbewerbsfahrzeug entwickelt werden. Dieses Fahrzeug dient als Basistyp für Sportzwecke. Die Homologationsforderung für Evolutionsserien der Gruppe-B-Fahrzeuge müssen berücksichtigt werden."

Die Gruppe B ist seit 1982 eine ganz besondere Klasse von Gran-Turismo-Fahrzeugen im Rallye-Motorsport, die bis 1986 bei Rallye-Weltmeisterschaften eingesetzt wird. Statuten der Automobilsporthoheit FIA erlauben leichte, leistungsstarke und sehr schnelle Rallye-Autos, die nur wenige Topfahrer beherrschen. Zu den bekanntesten Autos zählen in dieser Epoche Audi Sport quattro S1, Lancia Delta S4, Peugeot 205 Turbo 16 E2 und Ford RS200. Fahrer wie Walter Röhrl pilotieren Boliden mit fast 600 PS durch Wälder und entlang tiefer Schluchten.

Porsche will 1983 nach seinen Rundstrecken-Erfolgen wie beim 24-Stunden-Rennen in Le Mans im populärer werdenden Rallye-Geschehen mitmischen. Der 911 SC Carrera RS ist der erste Schritt in diese Richtung, um sich vorsichtig und vor allem kostengünstig in diese Welt vorzuwagen.

Das Rallye-Vorhaben endet im Über-Porsche 959, der zwischen 1986 und 1989 gebaut wird. Er kommt zu spät für seinen Einsatz in der Gruppe B.

DER ERSTE RS MIT TURBO-KAROSSERIE

Porsche plant vom Typ 954 nur 20 Fahrzeuge, davon 17 für Kunden. Die Zeit drängt mal wieder, denn die Autos müssen für die Homologation bis zum 23 Dezember 1983 fertig gebaut sein. Die FIA verlangt für die Homologation eines neuen Modells 200 Fahrzeuge. Daher entscheidet sich Porsche statt einer Neuentwicklung (den späteren 959) zunächst für eine Wettbewerbsvariante auf Basis des 911 SC.

Der Vorteil: Laut Reglement der Gruppe B reichen zur Evolutionsweiterentwicklung für die Sport-Homologation lediglich 20 Fahrzeuge. Als Typenbezeichnung schlagen die Ingenieure 911 SC RS vor. Als Motor dient ein Sechszylinder mit 3,0 Litern Hubraum, der mit dem Getriebe 915/71 des 3.2 Carrera kombiniert wird.

Diese Lösung ist vergleichsweise günstig. Die breite Karosserie stammt vom 911 Turbo, ebenso die verstärkte Aufhängung, Achslenker und Bremsen. Doch die Zeiten sind hart, Porsche hat Mühe, die 20 Autos zu verkaufen. Zehn Fahrzeuge will Sponsor Rothmanns übernehmen. „Es waren ein paar Homologationstricks, die wir angewendet haben, um dem FIA-Reglement zu entsprechen. Wichtig war für Porsche in der Zeit immer, möglichst viele Teile aus dem Regal zu nehmen und damit Geld zu sparen“, berichtet Jürgen Barth später.

Der Vorteil des 3,0-Liter-Motors des SC liegt im Gegensatz zum seit Sommer 1983 gebauten 3,2 Liter großen Carrera-Motor im Reglement begründet. In der Klasse zwischen 3.000 und 3.500 Kubikzentimeter Hubraum hätte der Elfer mindestens 1.100 Kilogramm wiegen müssen. Mit dem geringeren Hubraum darf der Porsche weniger als 1.000 Kilogramm wiegen – der Wohlflühlbereich der RS-Modelle.

BEWÄHRTE MITTEL FÜR EIN NEUES ZIEL

Laut Lastenheft soll der 911 SC RS 255 km/h schnell fahren und von Null auf 100 km/h in 5,3 Sekunden beschleunigen. Der Sprint über einen Kilometer soll in 24,5 Sekunden erledigt sein. Die Berechnungen stimmen. Nach elf Sekunden erreicht der 911 SC RS 160 km/h und beschleunigt damit besser als ein 911 Turbo. Das Magazin *auto motor und*

Bis auf die fehlende Zeituhr gleicht das Cockpit dem Serienfahrzeug.

Für besseren Halt sitzen Pilot und Copilot in Rennschalen mit Hosenträgergurten.

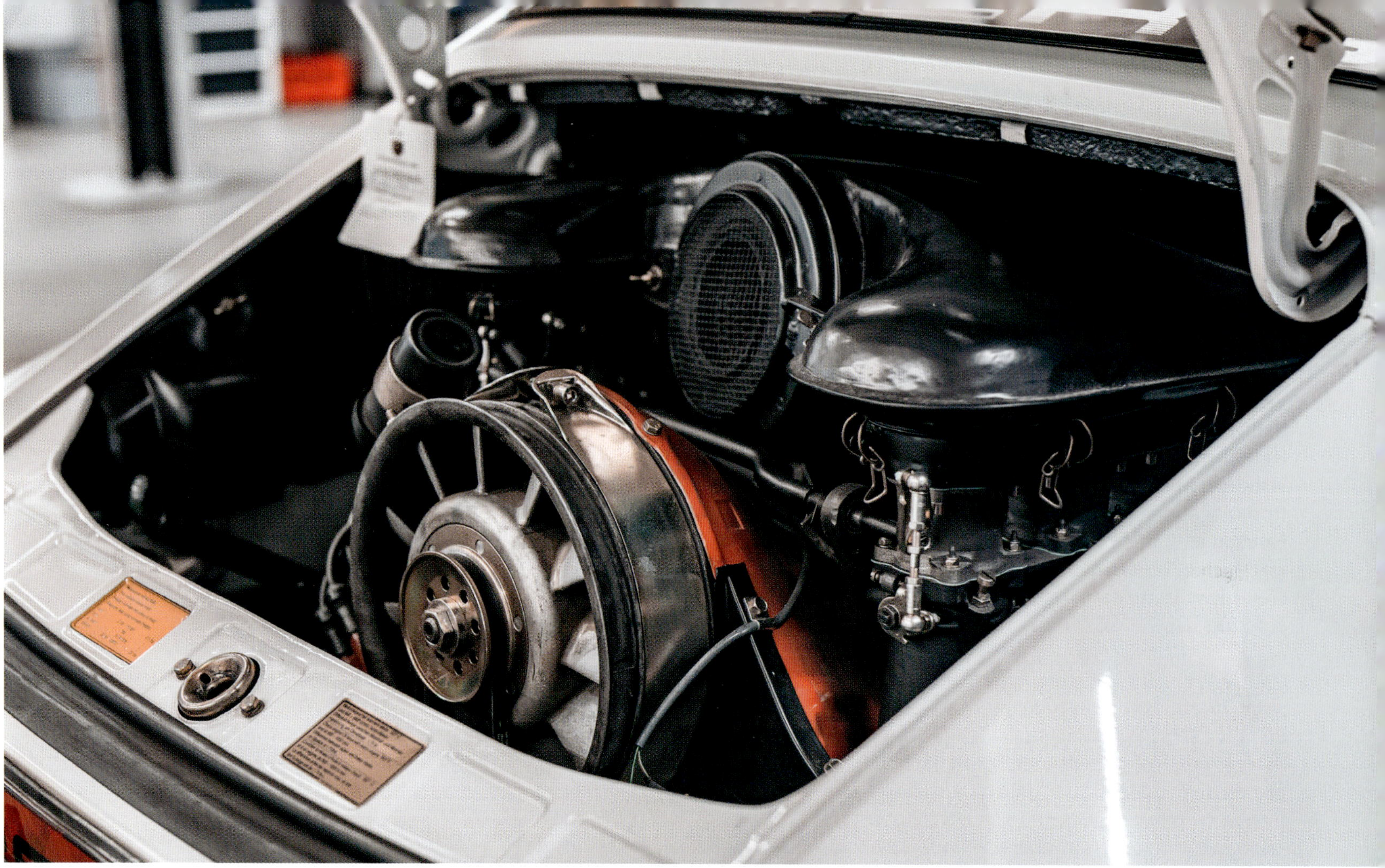

Bei 7.000 U/min leistet der Sechszylinder 250 PS, das Drehmoment von 250 Nm liegt bei 6.500 U/min an.

sport ermittelt bei einem Test sogar eine Beschleunigung von 5,0 Sekunden auf 100 km/h – der beste Wert bis dahin für einen serienmäßigen und straßenzugelassenen Sportwagen.

Porsche erfindet Rad und Auto nicht neu, sondern greift auf viele bewährte Bauteile zurück, unter anderem vom ersten Carrera RS 2.7, Turbo und SC. Die Ingenieure planen mit einem Typisierungsgewicht von 960 Kilogramm, handschriftliche Notizen erhöhen den Wert auf 980 Kilogramm. Dazu der Vermerk: „Über 200 Kilogramm leichter als Serie SC, Turbo-Look." Vollgetankt bringt das Modell für die Straße 1.057 Kilogramm auf die Waage, der 911 Turbo wiegt dagegen 1.290 Kilogramm.

Die Mühe wird belohnt. 1984 und 1985 gewinnt Porsche die Middle East Championchip. Henri Toivonen siegt mit dem 911 SC RS an der Costa Smeralda und bei den 24 Stunden von Ypern in Belgien. „Wir haben die Chance erkannt, mit wenigen Autos und damit wenig finanziellem Aufwand die Homologation zu verlängern – und diese Chance genutzt. Wir konnten einen günstigen und wettbewerbsfähigen Rennwagen bauen, ohne neue Entwicklung zu betreiben", bestätigt Jürgen Barth die kluge Strategie.

MOTOR UND GETRIEBE

Die Ingenieure verbessern den 3,0-Liter-Boxer des 911 SC im Detail. Dazu gehört ein Umbau der modernen K-Jetronic auf die altbewährte mechanische Saugrohr-Einspritzung von Bosch/Kugelfischer inklusive Sekundärlufteinblasung in der RdW-Ausführung (Rest der Welt).

Bei 7.000 U/min leistet der Sechszylinder 250 PS, das Drehmoment von 250 Nm liegt bei 6.500 U/min an. Die maximale Drehzahl legt Porsche bei 7.600 U/min fest, für Sportzwecke bei 8.000 U/min – der Drehzahlmesser skaliert wieder bis 10.000 U/min. Zum Vergleich: Der Serienboxer des SC leistet 204 PS bei 5.900 U/min.

Um den Motor standfest zu machen, gehen die Mechaniker ins Detail. Kurbelwelle und Schwungrad stammen noch vom Serienfahrzeug. Die Pleuel werden aber teilpoliert, die geschmiedeten Kolben sind neu. Auf die Zylinder bauen die Ingenieure rennerprobte Zylinderköpfe des 935.

Hohle und damit leichtere Ventile mit geschmiedeten Federtellern halten den hohen Drehzahlen Stand. Sie lassen sich über Einstellkappen verstellen. Nockenwellen mit einem größeren Hub sorgen für längeren Gasdurchfluss. Die Verdichtung steigt von 9,8:1 auf 10,3:1. Der finnische Rallye-Profi Henri Toivonen, der im 911 SC RC einige EM-Rallyes fährt, sagt über den Motor: „Ein Auto mit einem so breiten nutzbaren Drehzahlband habe ich noch nie gefahren.“

SERIENTEILE FÜR DEN SPORTMOTOR

Im Extrembereich kümmert sich eine vom 911 Turbo übernommene und modifizierte Ölpumpe um ausreichend Schmierung. Zwei Ölkühler in den vorderen Radhäusern (in der Wettbewerbsversion) und eine geänderte Übersetzung des Motorkühlgebläses halten den Sechszylinder im optimalen Temperaturfenster.

Bei der Gemischaufbereitung setzt Porsche neben der Kugelfischer-Einspritzung auf geänderte oder neue Kraftstoffleitungen, Ansaugfilter und Drosselklappenstutzen. Diese Dreifachklappenstutzen sind denen des 911 Carrera RS 2.7 ähnlich und sorgen unter anderem für schnelles Ansprechverhalten unter Last.

Die Zündanlage stammt vom 3,0-Liter-Serienmotor, nur der Zündverteiler wird angepasst. Die Abgase strömen über getrennte Abgasführungen links und rechts am Heck nach außen. Der Serienauspuff stammt vom Carrera RS 2.7. Die Wettbewerbsfahrzeuge nehmen den des 911 R, der für einen besseren Gasdurchsatz sorgt.

GETRIEBE MIT DETAILVERBESSERUNGEN

Das Fünfgang-Getriebe des 911 SC Carrera RS 3.0 stammt vom 911 Carrera 3.2. Es erhält eine angepasste Übersetzung, eine spezielle Synchronisierung mit zwei Nasen-Sicherungsringen und einer separaten Ölpumpe plus Ölkühler. Damit bleibt das Öl bei extremer Belastung in einem angenehmen Temperaturfenster. Kegel- und Tellerrad entsprechen der Serie, das Antriebslager ist kleiner. Das Sperrdifferenzial verfügt serienmäßig über einen Sperrfaktor von 40 Prozent.

Porsche bietet zwei verschiedene Getriebe an. Das Seriengetriebe ist für die Rund-

Auch der Kofferraum bleibt seriennah.

strecke optimiert. Auf Wunsch erhalten Kunden eine kürzere Übersetzung für den Rallye-Einsatz. Beide Versionen sind homologiert. Während sich der erste Gang jeweils dem Seriengetriebe des 911 Carrera 3.2 angleicht, stuft Porsche den zweiten Gang mit 15/30 oder 16/35 (Rallye) ab, den 3. Gang mit 21/29 oder 20/32, den 4. Gang 25/24 oder 23/29 und den 5. Gang mit 27/24 beziehungsweise 26/26.

Damit Piloten die Gänge schnell und sicher wechseln können, setzt Porsche auf eine neue Kupplungsdruckplatte mit erhöhter Anpresskraft, die vom 911 2.8 RSR stammt. Die Stahlfeder-Kupplungsscheibe erhält geänderte Dämpfer, das Ausrücklager ist Serie. Ein neuer Schaltbock reduziert die Schaltwege zudem um 20 Prozent – ideal für den schnellen Gangwechsel beim harten Ritt im Wettbewerb.

TEILEKONVOLUT FÜR DAS RS-FAHRWERK

Um die Mehrleistung stets auf die Straße zu bekommen, erhält der 911 RS SC Fahrwerk und Bremsen vom 911 Turbo – die Lösung des 917 war dann doch zu teuer und zu aufwändig, zumal der Rennwagen seit Jahren nicht mehr vom Werk aktiv im Einsatz ist. Damit der Sportwagen stabil auf der Bremse ist, übernimmt das Modell vom 1974er RS die Hauptbremszylinder mit dem Waagebalken. Die Hydraulik drückt zuverlässig, wenn auch mit hohem Kraftaufwand ohne Bremskraftverstärker auf Bremskolben und Bremsscheiben des 930 Turbo. An der Vorderachse kommen unter anderem Kotflügelverbreiterungen, Zusatzfedern und Stabilisierung wie vom Modell 1973 zum Einsatz. Auch die Querlenker für die Stabilisatoraufhängung entsprechen denen des RS-Modells von 1973, die Radlagerung der aktuellen Serie. Bei den vorderen Stabis setzt Porsche auf einen Durchmesser von 18 Millimetern wie beim Vorgänger, der gleiche Durchmesser wie der des Traggelenks.

An der Hinterachse verbaut Porsche Serien-Komponenten des 911 Turbo mit Zusatzfedern. Der Drehstab stammt vom 911 SC, Radlagerung vom 930, ebenso die Gelenkwellen und die Einstellwerte. Der hintere Stabilisator hat einen Durchmesser von 18 Millimetern.

Auch bei den Rädern greift Porsche ins Regal und nimmt jene vom 930 Turbo mit sieben und acht Zoll Breite. Vorn zieht der Hersteller 205/55VR16-Reifen auf, hinten 225/50VR16. Den Felgenstern lackiert Porsche in Grandprix-Weiß (M348) – passend zum Außenlack. Auf Sonderwunsch liegt im vorderen Kofferraum ein schmales Notrad mit Kompressor – ohne Aufpreis.

KAROSSERIE

Die Turbo-Karosserie muss vorn für die Stabi-Lagerung geändert werden. Zudem braucht es neue Befestigungspunkte für den Matter-Überrollkäfig. Um die Seitenkräfte bei schneller Rennstrecken-Fahrt aufzunehmen, verstärkt Porsche Federbeinaufnahme, Stoßdämpferaufnahme und das Hinterachsquerrohr. Aus Homologationsgründen sind in der Karosserie zusätzliche Durchbrüche und Ausschnitte erforderlich, zum Beispiel für den Hauptbremszylinder.

Die vorderen Kotflügel, Türen und die vordere Haube stellt Porsche aus leichtem Aluminium her. Um das Gewicht weiter zu reduzieren, setzen die Ingenieure Windschutzscheibe, Türscheiben, Seitenscheiben und die Heckscheibe aus Dünnglas ein. In der Front baut Porsche die Blinkleuchten in die GFK-Bugschürze, am Heck die Rückstrahler und Kennzeichenbeleuchtung in die GFK-Stoßstange.

Die Befestigungen mit Prallrohren entstehen aus Alu. Auf Seitenblinker und Schwellerblenden verzichtet Porsche ebenso wie auf PVC-Unterbodenschutz, Dämmmatten, Schmelzfolien und Hohlraumkonservierung. Selbst die Türtafeln und der Deckel für die Türablage sowie die Mittelkonsole und die hintere Seitenverkleidung fallen der Gewichtsreduzierung zum Opfer. Wo sonst gibt es für so viel Geld so wenig Auto?

Elektrische Fensterheber, elektrische Außenspiegel, Kofferraumbeleuchtung, automatische Heizungsregulierung, Nebelschlussleuchte, Zusatzheizgebläse und die Motorraumbeleuchtung fallen der Diät ebenfalls zum Opfer. Dadurch wird ein neuer Kabelstrang notwendig, der weniger wiegt.

1984 und 1985 gewinnt Porsche mit dem 911 SC Carrera RS die Middle East Championship, Henri Toivonen an der Costa Smeralda und bei den 24 Stunden von Ypern in Belgien.

Zwei Ölkühler in den vorderen Radhäusern (in der Wettbewerbsversion) und eine geänderte Übersetzung des Motorkühlgebläses halten den Sechszylinder im optimalen Temperaturfenster.

Die Abgase strömen über getrennte Führungen links und rechts am Heck nach außen.

Typisch RS: Die Zeituhr entfällt. Den Tacho übernimmt das Auto vom 911 Turbo, die Kontrolllampen von zahmeren Modellen. Fahrer können die Rennsitze längs verstellen und sich mit Hosenträger-Sicherheitsgurten festzurren. Auch Fondsitze sind unnötiger Ballast und damit nichts für den RS.

Statt der schweren und vor allem großen Wärmetauscher im Heck baut Porsche eine Stand-Benzin-Heizung ein. Im Rallye-Trimm kommt ein leichtes elektrisches Gebläse zum Einsatz. Denn in den Schwellern, wo bei Serienfahrzeugen die warme Luft vom Motor in den Innenraum fließt, liegen die Leitungen zum vorn sitzenden Ölkühler. Bei der Rallye-Version schützen drei Aluminiumplatten den Unterboden und die Technik.

Um den Schwerpunkt möglichst niedrig zu halten, legen die Ingenieure die Karosserie im Vergleich des Serien-SC tiefer, vorn um 25 Millimeter und hinten um 30 Millimeter. Wer von außen immer noch nicht erkennt, dass es sich hierbei um ein ganz spezielles Auto handelt, der kann am Heck nachschauen. Der Schriftzug nennt das Modell 911 SC RS.

PRODUKTION

Porsche beeilt sich mit Entwicklung und Produktion. Alles soll schnell gehen, damit die Autos noch bis Ende des Jahres 1983 fertig sind und für die nächste Saison homologiert werden können. An sechs Tagen will Porsche jeweils ein Auto bauen, an sieben Tagen zwei. Macht insgesamt 20 Autos innerhalb von 13 Produktionstagen.

Abgesehen von der Fertigung des Prototyps erledigt Porsche alle Arbeiten in Zuffenhausen. Bau der Rohkarosserie, Rohbauänderung, Motormontage und Gesamtmontage finden am Hauptsitz statt. Das Getriebe wird wie beim Serienauto bei der Firma ZWN (Zahnradwerke Neuenstein) montiert.

188.100 Mark verlangt Porsche für den Sportwagen. Der wird damit zum bis dahin teuersten Porsche mit Straßenzulassung. Zur Erinnerung: Der 911 RS 3.0 kostete zehn Jahre zuvor 65.000 Mark. Doch damit ist nicht Schluss. Für den Einsatz im Rallyewettbewerb ruft Porsche zusätzlich 30.000 Mark auf. Dafür erhalten Kunden einen auf 280 PS gesteigerten, standfesten Motor.

Letztendlich entstehen 21 Fahrzeuge für gute Freunde des Hauses. Nach Angaben von Jürgen Barth gehen zehn der weißlackierten Autos an den Sponsor Rothmans, andere Quellen sprechen von sechs, zwei in die Schweiz, zwei in den Familienbesitz von Porsche und der Rest an Privatkunden, die meisten davon in die USA. Rothmans setzt den 911 SC RC in der europäischen Rallye-Meisterschaft ein und verpasst dabei nur knapp den Gesamttitel. Bis 1987 nehmen die Autos bei unterschiedlichen Rennen teil, darunter auch WM-Läufe. In Belgien gewinnt der SC RS 1984 den Rallye-Titel.

DAS ENDE DER GRUPPE B

Mit dem Konzept von Heckmotor und Leichtbau kann der Porsche 911 SC RS gegen reinrassige Rallye-Wettbewerbsfahrzeuge wie Audi Sport quattro, Lancia 037 oder Peugeot 205 T16 nichts ausrichten. Mehrere tragische Unfälle in der Gruppe B besiegeln das Aus der höchsten internationalen Rallye-Serie.

Henri Toivonen und Attilio Bettega sterben in ihrem Lancia bei der Rallye Korsika. Ein Ford RS200 kracht bei der Portugal-Rallye in eine Menschenmenge, wobei drei Zuschauer sterben, und Marc Surer verunglückt bei der Hessen-Rallye in seinem Ford RS200 schwer – sein Beifahrer stirbt. Die FIA-Verantwortlichen streichen die Wettbewerbe und verbieten die Gruppe B 1986.

Der fertig entwickelte Porsche 959 wird nur noch bei der Wüstenrallye Paris-Dakar, in Ägypten und bei der Rallye Mille Piste in Frankreich eingesetzt, nicht aber bei Rallye-Weltmeisterschafts-Läufen. Der Technologieträger 959 wird nur bis 1988 gebaut. Erst 1991 folgt dem 911 RS 3.6 des Typs 964 wieder ein Nachfolger in der RS-Ahnenreihe.

964

HEUTE IST SO ETWAS KAUM VORSTELLBAR – ES DAUERT 16 JAHRE, BIS PORSCHE DEN 911 VOLLSTÄNDIG MODERNISIERT. MITTLERWEILE IST DAS UPDATE ZWINGEND NOTWENDIG, DENN DER ABSATZ SINKT. NICHT NUR BEIM 911, AUCH BEIM BISHER BELIEBTEN 944.

Carrera RS
S GO 9645H
Porsche Museum

Der Porsche 911 RS 3.6 setzt die gute, alte RS-Tradition von Porsche fort: leicht, stark, schnell.

Porsche steckt in einer tiefen Krise. Der stark überarbeitete 911 muss ab 1989 mehr Kunden gewinnen und Porsche aus der Verlustzone bringen. Dafür soll der intern 964 genannte 911 moderner, alltagstauglicher und fahrbarer werden. Weniger als je zuvor steht der Spaß puristischer Sportfahrer im Vordergrund. Das Auto muss für Alltagsfahrer geeignet sein. Dafür integriert Porsche Servolenkung und ABS. Ab 1990 steht ein Automatikgetriebe zur Wahl. Moderne McPherson-Federbeine vorn und Schraubenfedern an Schräglenkern hinten ersetzen die Drehstabfedern des Vorgängers.

Das Basismodell des neuen 911 heißt jetzt Carrera 2. Im Heck steckt ein neu entwickelter 3,6 Liter großer Sechszylinder-Boxer mit 250 PS, Doppelzündung, Klopfregelung und Drei-Wege-Kat. Erstmals bietet Porsche neben dem 911 mit Heckantrieb einen Allradantrieb (Carrera 4) an, quasi als vereinfachte Version des Supersportwagens 959 mit Allrad. Der Turbo erhält 3,3 Liter Hubraum für 320 PS, eine Kleinserie 3,6 Liter für 360 PS. Auch wenn die Karosserie der des Vorgängers ähnelt, ist der 964 eine Neukonstruktion. Unter dem Blech entwickelt Porsche fast 85 Prozent aller Teile im 964 neu. Das fällt vor allem am bulligen Bug und den modifizierten Schwellerblenden auf. Typisch für Porsches Liebe zum Detail: Natürlich wurden auch die Regenrinnen am Auto optimiert. Der c_W-Wert liegt nun bei 0,32. Damit ist der neue 911 der bisher windschlüpfigste Elfer. Das wohl bemerkenswerteste Element: Der neu entwickelte Heckspoiler fügt sich nahtlos in die Silhouette des 964 ein. Ab einer Geschwindigkeit von 80 km/h fährt er aus, bricht den Auftrieb, sorgt für Abtrieb und verbessert die Kühlung des Motors. Treibende Kraft hinter seiner Entwicklung ist wieder Hermann Burst, der schon für die Aerodynamik des 911 Carrera RS 2.7 mitverantwortlich ist und erneut Patente für die Erfindung einreicht.

PORSCHE 911 CARRERA RS 3.6

Mit dem 911 RS 3.6 des Typs 964 will Porsche die lange RS-Tradition fortführen. Eigentlich. Weil aber 1989 die Gruppe C endet, gibt es keinen geeigneten Wettbewerb für Serienfahrzeuge mehr. Nicht auf der Rundstrecke und nicht bei Rallyes. „Also haben wir eine eigene Rennserie für Europa gegründet, dafür ein neues Auto definiert – den 911 RS 3.6“, erzählt Jürgen Barth.

Ein neuer 911 Carrera RS ist schon Ende 1988 im Gespräch, also vor dem Marktstart der Generation 964. Damals schlägt Jürgen Barth, ehemaliger Rennfahrer und Projektleiter sowie Manager des Kundensports, seinem Motorsport-Chef Peter Falk vor, zwei oder drei Rennfahrzeuge auf Basis des neuen 964 Carrera 2 zu bauen. Barth will damit beim 24-Stunden-Rennen am Nürburgring antreten.

Diese Ausrichtung stellt eine interessante Wendung dar. Denn nachdem die ersten Carrera RS 2.7 für die Rundstrecke konzipiert wurden, setzten Porsche-Fahrer die RS-Nachfolger des G-Modells gerne bei Rallyes ein – unter ihnen Jürgen Barth. Der neue 964 RS soll wieder auf der Rundstrecke für Furore sorgen.

In der RS-Historie von Porsche kennt sich Barth gut aus. Er fuhr schon die Prototypen des Carrera RS 2.7, RSR 2.8 und RSR 3.0. Porsche weiß um die Wirkung von Siegen im Verkauf. Peter Falk genehmigt deshalb die Entwicklung des Langstreckenfahrzeugs – des 964 RS. Wie es die Tradition verlangt, soll der neue RS leichter, flinker sowie stärker als die bisherigen Serienfahrzeuge werden und wieder für Renneinsätze taugen.

Jürgen Barth entwickelt das neue Fahrzeug. Und damit schreibt er das Lastenheft für eine eigene Homologation: Er ist einer der Initiatoren der neuen BPR-Rennserie (BPR für Jürgen Barth, Patrick Peter, Stéphane Ratel) für GT-Rennwagen. „Damit kannte ich mich ja aus, kannte das Reglement der Gruppe 4 von 1974 und wusste, was ein gutes Rennauto können muss“, erzählt er rückblickend.

Die Serie wird ein Erfolg. Bis 1996 nehmen sieben Hersteller an ihr teil. Später entwickeln sich aus ihr der ADAC GT Cup, die FIA-GT-Meisterschaft und die ADAC GT-Masters. „Wir brauchten erst ein paar Rennen, um die Autos zu bewerben, konnten dann aber mehr Autos verkaufen“, sagt Jürgen Barth. Diese Taktik hat langfristig Erfolg: Aus dem RS 3.6 entstehen später der RS 3.8 und der RSR – und anschließend der erste 911 GT2.

Die Leichtbauausführung des 964 RS entwickelt Porsche gedanklich schon seit 1988, um wieder ein Serien-Rennauto für den Kundensport im Portfolio zu haben.

MEHRERE MOTORSPORT-PROJEKTE

Porsche arbeitet parallel an mehreren Baustellen. Jürgen Barth setzt neben dem Nürburgring-Auto noch auf ein anderes Projekt – eine Leichtbauversion auf Basis des Carrera 4. Zwischen 1990 und 1991 entstehen 21 Exemplare des 911 Carrera 4 Lightweight. Im Allrad-Rennwagen treffen 265 PS auf 1.105 Kilogramm Gewicht. Porsche verkauft ihn zunächst für 225.000, später für 285.000 Mark. Die Kleinserie ist für den Hersteller sehr lukrativ. Die Entwickler Roland Kussmaul und Helmut Flegl bauen derweil einen 964 Cup-Rennwagen auf Basis des Carrera 2. Er konkurriert intern mit dem 964 RS, hat aber nur wenig mit ihm zu tun. Die Fahrzeuge werden für den neuen Porsche Carrera Cup eingesetzt. Sie verzichten daher auf Beifahrersitze, Dämmmaterial und Servolenkung. Statt auf Aluminium-Rädern rollt der Rennwagen auf 18-Zoll-Rädern aus Magnesium. Den 3,6-Liter-Boxer treiben die Ingenieure auf 265 PS und 310 Newtonmeter. Überrollkäfig, kurz übersetzte Gänge 3, 4 und 5 im manuellen Getriebe sowie eine tiefergelegte Karosserie kommen dazu.

Zum Modelljahr 1992 basiert der 964 Cup auf der Karosserie des 964 RS, daher findet er in dieser Aufzählung Erwähnung. Der Sechszylinder-Boxer wird auf 275 PS bei 6.100 U/min und 314 Newtonmeter bei 4.800 U/min gepusht. Beim 1.120 Kilogramm leichten Rennwagen lässt sich das ABS abschalten. Es ist ein reiner Wettbewerbswagen für die Rundstrecke – und befeuert zusätzlich die Idee vom reinrassigen Sportwagen für die Straße.

GLEICHE REZEPTUR BEI RS-MODELLEN

Diese Idee soll nun ein Serienauto aufnehmen. Der Carrera RS 3.6 soll den Erfolg der Kleinserie in größerer Stückzahl wiederholen. Porsche will so weitere Sportwagenfahrer an sich binden. Im September 1990 stellt der Hersteller auf dem Automobilsalon in Birmingham eine neue Version des 911 Carrera RS vor. Die Produktion beginnt im Sommer 1991.

Der RS muss das angekratzte Motorsport-Image von Porsche aufpolieren. In der Formel 1 kann Porsche als Motorlieferant mit einem 3,5-Liter-V12 für Arrows keine Erfolge erringen. Der 911 verkauft sich weiterhin schleppend. Mit dem RS erhoffen sich die Stuttgarter einen Wechsel hin zu mehr Sportlichkeit – alles im Sinne eines besseren Absatz.

Die Rezeptur der RS-Fahrzeuge behält Porsche auch beim Typ 964 bei. Das bedeutet: Ein starker Motor, kombiniert mit möglichst wenig Gewicht. Technisch bleibt der 911 Carrera RS ein enger Verwandter der im Carrera Cup eingesetzten Carrera 2. Je nach Ausstattung wiegt der RS aber 1.225 bis 1.250 Kilogramm. Seine Basis ist bis zu 175 Kilogramm schwerer. Das Marketing befürchtet, dass sich der neue, puristische RS mit seinem rasselnden Getriebe und dem Einmassenschwungrad schlecht verkauft. „Sie haben gesagt, sie brauchen ein anständigeres Auto“, erinnert sich Roland Kussmaul. Analog zu den Varianten des 911 Carrera RS 2.7 von 1972 bietet Porsche den neuen RS ebenfalls in verschiedenen Ausführungen an – unter anderem als komfortablen Touring.

Unter der Leitung von den Entwicklern Roland Kussmaul und Helmut Flegl entstehen auf Basis des 964 Carrera 2 die Einsatzfahrzeuge für den neu geschaffenen Porsche Carrera Cup, der ab 1990 zumeist im Rahmenprogramm der populären DTM an den Start geht. Erster Meister wird Olaf Manthey, der später mit seinem Team Manthey-Racing GmbH Entwicklungsarbeit für Porsche Motorsport übernehmen wird und sieben Mal das 24-Stunden-Rennen auf dem Nürburgring gewinnt.

In der Saison 1992 basierten die Fahrzeuge des Porsche Carrera Cup auf dem 964 RS.

Statt des automatisch ausfahrbaren Heckspoilers der normalen Carrera-Modelle und des RS gibt es optional einen festen, großen Heckspoiler für noch mehr Abtrieb.

Ab rund 80 km/h fährt der Heckspoiler des 964 automatisch aus und sorgt somit für mehr Abtrieb.

DIE VARIANTEN DES 964 CARRERA RS

Porsche baut insgesamt 2.282 Exemplare des 964 Carrera RS. Sie teilen sich wie folgt auf:

- 1.916 in der Sport-Version, davon 72 Rechtslenker. Es handelt sich um die Basisversion. Sie verfügt nicht über eine M-Nummer für gesonderte Spezifikationen. Zur Sport-Version gehören unter anderem eine starre Sinter-Mitnehmerscheibe, ein erleichtertes Schwungrad, Sechspunktgurte, ein Batterie-Notschalter und der Verzicht auf Geräuschdämmung sowie Dachverkleidung.
- 76 in der Touring-Version, davon 14 Rechtslenker (M002). Diese komfortablere Ausführung verfügt über vollen Unterbodenschutz mit Langzeitgarantie, elektrisch höhenverstellbare Sportsitze, elektrische Fensterheber und das komfortablere Zweimassenschwungrad des Carrera 2.
- 290 in der Rennsport-Version N/GT mit Straßenzulassung (M003). Zu dieser Variante gehören ein ausgeräumter Innenraum, Überrollkäfig, ein Not-Aus-Schalter außen und die Vorbereitung für den Rennsport.
- Dazu kommen noch 112 Cup-Carrera (M001). Es handelt sich um das Cup-Fahrzeug mit einem ähnlichen Aufbau. Porsche zählt diese aber nicht zu den RS-Gesamtstückzahlen.

Daneben baut Porsche den 964 auch als Club-Sport-Variante CS – allerdings nur ein einziges Mal. Er ist straff gefedert, aber nicht ganz so hart wie der RS. Zu seiner Ausstattung gehören 20 Millimeter Tieferlegung, der Serienmotor mit 250 PS und weniger Gewicht. Porsche verzichtet beim Einzelstück wie auch beim RS auf Airbags, Rücksitze, Dämmmaterial und elektrische Fensterheber. Warum es nur bei einem Einzelstück bleibt, ist nicht bekannt.

LEICHTBAU IM NEUEN RS

In der RS-Version des 911 Carrera vom Typ 964 kurbeln Insassen die Seitenscheiben per Hand hoch und runter. Bis auf die Frontscheiben kommen Dünnglasscheiben zum Einsatz. Dünnere und stark konturierte Schalensitze, mit Leder bezogen, ersetzen die Carrera-Sportsitze. An den Türen baut Porsche abgespeckte Verkleidungen mit Zuziehgriffen und Öffner-Schlaufen statt Türgriffen ein. Der Unterbodenschutz fehlt und die Geräuschdämmung wird auf ein Minimum begrenzt. Statt der serienmäßigen Nebelscheinwerfer sitzen im Bugspoiler transparente Abdeckungen aus Kunststoff. Für eine höhere Steifigkeit schweißen Mitarbeiter in der Produktion einige Stellen an der Karosserie per Hand nach. Piloten greifen in ein kleines 360er-Vierspeichenlederlenkrad, auf Wunsch auch mit einer um 30 Millimeter verlängerten Nabe, dafür aber ohne Servo-Unterstützung. Zentralverriegelung, Alarmanlage, Rücksitze, Airbag und die elektrische Sitzverstellung fehlen ebenso. Im Kofferraum entfällt die Verkleidung. Um weiter Gewicht zu reduzieren, baut Porsche eine Fronthaube aus leichtem Aluminium, manuell verstellbare Turbo-Außenspiegel und eine Lichtmaschine mit 115 Ampere ein. Technisch ist das kein Problem, denn der Verzicht auf elektrische Verbraucher senkt den Strombedarf. Das hat einen dünneren Kabelbaum zur Folge. Außerdem kann nun eine Welle Lüfterrad und Generator gleich-

Um beim 964 RS Gewicht zu reduzieren, kommt eine Fronthaube aus leichtem Aluminium zum Einsatz.

Kraftwerk unter der Motorhaube mit dem elektrische ausfahrbaren Heckspoiler: Der Sechszylinder-Boxer mit zwei Ventilen pro Brennraum ist eine Neuentwicklung.

zeitig antreiben – das spart den Keilriemen. Diese Arbeiten in der Tiefe des Motors zeigen, wie ernst es die Ingenieure mit der Gewichtsreduzierung nehmen.

Wie schon bei den Vorgängern soll die Touring-Version zumindest ein bisschen Komfort bieten. Daher baut Porsche elektrische Fensterheber und sogar ein Radio mit acht Lautsprechern ein. Optional stehen Sitzheizung, Scheinwerfer-Reinigungsanlage, Klimaanlage, Schiebedach, Radio Symphonie und Leichtmetall-Stoßfänger mit Pralldämpfern vorn und hinten zur Wahl. Anstelle der getönten Frontscheibe lässt sich auch eine klare montieren.

Für linksgelenkte Fahrzeuge bietet Porsche in der Touring-Version eine Servolenkung an. Je nach Ausstattung wiegt der RS so bis zu 1.320 Kilogramm – er verzichtet bewusst auf eine seiner größten Stärken. Für einige Länder lässt sich der schwere Katalysator abbestellen, nicht jedoch für Frankreich, Italien, Japan, Schweden, Schweiz, Österreich, Dänemark, Finnland, Hongkong, England, Luxemburg, Niederlande, Norwegen, Belgien, Australien, Spanien und Griechenland.

LEICHTER UND STÄRKER

Als Antrieb dient der für den 964 neu entwickelte Sechszylinder-Boxer mit zwei Ventilen pro Brennraum. Verglichen mit seinem Vorgänger verfügt er über eine größere Bohrung von 100 Millimetern. Die Kurbelwelle mit 76,4 Millimetern Hub und zusätzlichem Drehschwingungsdämpfer erhöht den Hubraum beim RS auf genau 3.600 Kubikzentimeter. Das Gehäuse für die Duplex-Ketten fertigt Porsche aus leichtem Magnesium, in jedem Zylinder sitzen zwei Zündkerzen. Beim RS werden Kolben und Zylinderlaufbuchsen speziell ausgewählt. Eine modifizierte Motorelektronik sorgt für passende Steuerzeiten. Der Boxer tankt nun 98 statt 95 Oktan, leistet dafür 10 PS mehr als das Basistriebwerk und kommt auf 260 PS bei 6.100 U/min und 314 Newtonmeter bei 5.000 U/min. Anstelle der beim Basisfahrzeug eingesetzten hydraulischen Motorlager finden im Carrera RS steifere Gummilager Einsatz. Zweimassenschwungrad beim Touring und das antriebsmomentengesteuerte Sperrdifferenzial übernimmt Porsche ebenso von der Basis. Das Einmassenschwungrad beim RS Sport spart sieben Kilogramm Gewicht.

GUTE KRITIKEN TROTZ GERINGEN VORSPRUNGS

Von Null auf 100 km/h sprintet der RS in 5,4 Sekunden und fährt bis zu 260 km/h schnell. Ein Carrera 2 benötigt 5,7 Sekunden und fährt maximal 255 km/h, der 911 Turbo 5,0 Sekunden und 270 km/h. Das Magazin *auto motor und sport* fährt den RS sogar in 5,2 Sekunden auf 100 km/h und bis zu 263 km/h schnell. „Die Höchstgeschwindigkeit

Der neue Sechszylinder leistet 260 PS bei 6.100 U/min und 314 Newtonmeter bei 5.000 U/min.

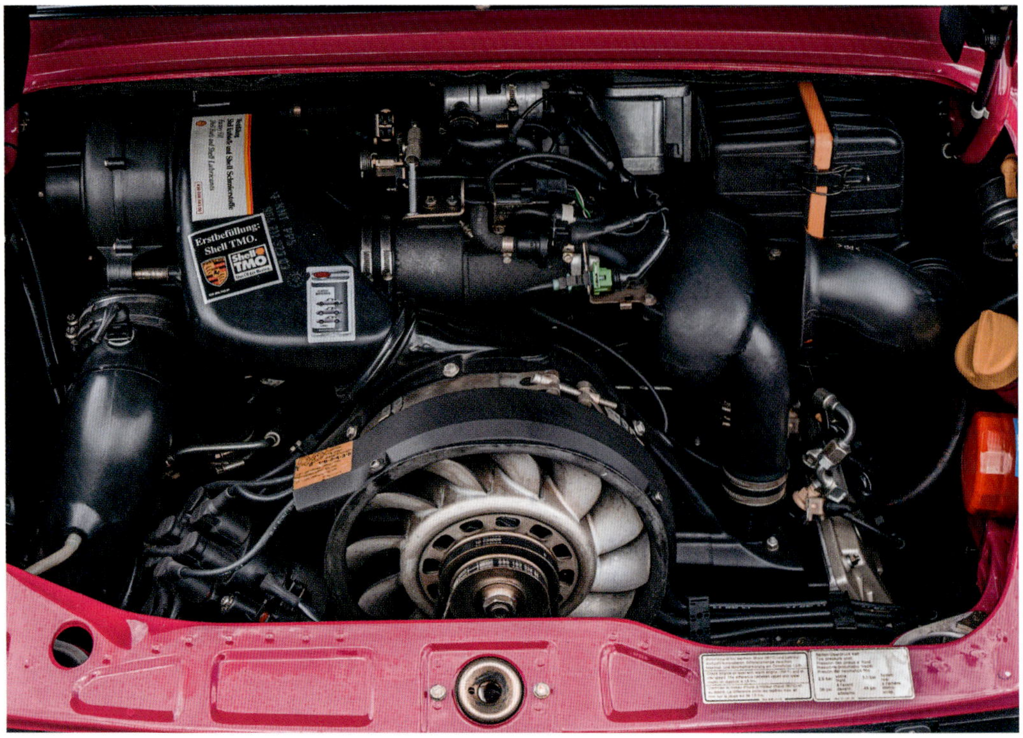

ist mit 263 km/h identisch, weil hier nicht die Leistung, sondern der Drehzahlbegrenzer ein Ende setzt", schreibt Journalist Götz Leyrer 1991 in *auto motor und sport*: „Der Motor sorgt für eine unmittelbare und eindrucksvolle Kraftentfaltung ab 2.000 Umdrehungen. Und der RS entfesselt sie wie ein reißendes Tier, mit einem geradezu unerbittlichen Schub und einem Motorgebrüll, dessen aggressive Tonlage nur der luftgekühlte Porsche-Sechszylinder zuwege bringt."

Der Gangwechsel erfolgt über ein manuelles Fünfgang-Getriebe, die Kupplung arbeitet hydraulisch. Im Getriebe kommen ein verlängerter erster und zweiter Gang zum Einsatz, um bei niedrigen Geschwindigkeiten im Rennen nicht häufiger schalten zu müssen. Das Sperrdifferenzial von ZF sperrt im Zug bei 20 Prozent und im Schub mit 100 Prozent. Auch wenn die Leistungssteigerung von 10 PS auf dem Papier nicht groß erscheint, ändert sich die Leistungscharakteristik des Triebwerks wesentlich. Sie ähnelt einem hochdrehenden Rennmotor.

FEINFÜHLIGES FAHRWERK UND STARKE BREMSEN

Vorn übernimmt der RS die innenbelüfteten und gelochten Bremsscheiben mit 322 Millimetern Durchmesser vom 911 Turbo, samt der Vierkolben-Festsättel aus Leichtmetall. Hinten baut Porsche die Bremsanlage des Cup-Carrera ein. Diese Anlage sorgt für stabile Verzögerung. Das ABS stimmt Porsche spitzer ab.

Leicht und spartanisch. Im Innenraum kurbeln Insassen die Seitenscheiben per Hand hoch und runter. An den Türen baut Porsche Öffner-Schlaufen ein.

Stabilisatoren vorn und hinten sowie ein automatisch gesteuerter Heckflügel verbessern wie bei den Carrera-Modellen die Laufruhe. Vorn montiert Porsche Räder in der Dimension 7,5 x 17 mit Reifen in 205/50ZR17, hinten 9 x 17 mit 255/40ZR17. Die Felgen im Cup-Design bestehen aus leichtem Magnesium. Damit senken sie das Gewicht der ungefederten Massen um zehn Kilogramm. Die Größe der Räder bietet neben optimaler Traktion einen weiteren Vorteil. Beim Rennsporteinsatz in der Gruppe N/GT dürfen zwar Slicks montiert werden, jedoch nur auf serienmäßigen Felgen. Das reduziert die Kosten für die Hersteller. Die aerodynamisch optimierte Karosserie, 40 Millimeter Tieferlegung und der glattflächige Unterboden sorgen außerdem für einen nahe Null liegenden Auftriebswert. Dazu stimmen die Ingenieure das Fahrwerk straffer ab. „Es einfach mit der Vokabel hart zu beschreiben, wäre schiere Schönfärberei – eher passt schon die Charakterisierung, die einst bei Morgan in England erfunden wurde – nämlich, dass der Fahrer spüren kann, ob die gerade überfahrene Münze mit Kopf oder Zahl nach oben lag", so Götz Leyrer über das Fahrverhalten des RS.

Extrem hohe Kurvengeschwindigkeiten sind eine Folge all dieser Arbeiten. Und Porsche-Fans lieben es. Der reine Transportnutzen ist eingeschränkt. Puristischer gibt es keinen Sportwagen mit Nummernschild.

Farbprogramm: Schwarz, Maritimblau, Indischrot, Sternrubin und Grandprixweiß

Optional: Polarsilber-Metallic, Nachtblau-Metallic und Amethyst-Metallic, Cobaltblau, Horizontblau, Polarsilber, Oakgrün, Veilchenblau, Amazonasgrün, Schiefer, Wimbledongrün und Himbeerrot, Perlcolor-Effekt

Innenraum: Teppich und Himmel in Schwarz, Sitzmittelteile je nach Außenfarbe in den Kombinationen:

- Schwarz, Violett, Sternrubin, Grauviolett (NV) für den Lack in Schwarz, Sternrubin und Amethyst-Metallic
- Schwarz, Dunkelblau, Maritimblau, Lichtblau (NS) für den Lack Schwarz, Maritimblau und Nachtblau-Metallic
- Schwarz, Dunkelgrau, Perlgrau, Hellgrau (NR) für den Lack in Schwarz, Indischrot, Grandprixweiß und Nachtblau-Metallic

Es sind Details, die den Unterschied ausmachen: Dünnere und stark konturierte Schalensitze ersetzen die Carrera-Sportsitze, die Zeituhr fehlt.

DER 964 RS IST EIN ERFOLG

Um für die FIA Gruppe N/GT in der Saison 1992 homologiert zu werden, muss Porsche mindestens 1.000 Fahrzeuge bis Ende 1991 bauen. Geplant sind sogar 2.000 Einheiten. Am Ende werden es sogar noch mehr. Im Pressetext heißt es: „Damit steht den zahlreichen aktiven Sportfahrern unter den Porsche-Kunden wieder ein chancenreiches Rennfahrzeug in der Gran Turismo-Klasse zur Verfügung." Mehr als 70 Prozent des RS verkauft Porsche im ersten Jahr, im zweiten folgen 15 Prozent. Porsche hebt die ursprünglich angedachte Limitierung im Laufe des Modelljahres 1992 komplett auf, um den Absatz der 911-Modrellreihe zu stützen. Der RS verliert damit während seiner Bauzeit an Exklusivität.

30.000 Mark Aufschlag berechnet Porsche für den 964 RS im Vergleich zum Carrera 2. Das macht insgesamt 145.450 Mark. Für den für Rundstrecken konzipierte 964 RS N/GT verlangt Porsche 160.000 Mark.

Um in den USA den Verkauf anzukurbeln, stellt Porsche den 964 RS America auf die Räder. Es ist eher eine Ausstattungsvariante als ein Racer.

MAKIN' POWER!
FINISH

Zwischen 1992 und 1994 baute Porsche 702 Exemplare vom 911 RS America.

PORSCHE 911 CARRERA RS AMERICA

Im wichtigen US-Markt führt Porsche den RS nicht ein, denn die erforderlichen Anforderungen für eine Homologation und die fehlenden Airbags sind nicht mit den Emissionsgesetzen und Sicherheitsvorschriften des Landes in Einklang zu bringen. Daher entwickelt Porsche für die USA den RS America. Das Modell debütiert im Januar 1992 und startet fürs Modelljahr 1993 in den Verkauf. Es wird eine reine Ausstattungsvariante ohne Motorsport-Bezug.

Porsche will die finanzielle Talfahrt in den USA stoppen. Der Hersteller verkauft 1991 nur 4.380 Autos, Tendenz abnehmend. Im Dezember sind es nur 271 Fahrzeuge. Ein Jahr zuvor waren es noch 9.122 Porsche in den USA. In der internen Broschüre „Report 1/92" heißt es: „Wir erwarten durch diese Sonderfahrzeuge in dem derzeit stagnierenden amerikanischen Markt eine deutliche Nachfragebelebung und wünschen unseren US-Kollegen dazu viel Erfolg."

Diese Taktik ist bei Porsche ein alter Hut. Schon 1952 präsentiert der Hersteller für Nordamerika den 356 America Roadster. Der ist dank einer Aluminium-Karosserie leichter als ein normaler Porsche 356, spartanischer ausgestattet und so ideal für die stetig wachsende Motorsportgemeinde in den USA geeignet. Sein 1,5-Liter-Vierzylinder-Boxer leistet 70 PS und ist auf den Rennstrecken bald gefürchtet. Dank seines niedrigen Gewichts beschleunigt er vor allem schnell aus Kurven heraus.

Gut 40 Jahre später greift Porsche die Idee wieder auf, setzt in der Kommunikation auf die lange Historie und natürlich auch auf den 911 Carrera RS 2.7 mit seinem Enten-

RS

Das US-Modell fällt vor allem durch die breiteren Aufprallkörper an der hinteren Stoßstange und den wuchtigen Heckspoiler auf.

bürzel. Der 964 RS America basiert auf dem Carrera 2 mit 3,6-Liter-Boxermotor, leistet aber in der US-Version statt der 250 PS nur 247 PS.

Weitere Merkmale des Autos: 17-Zoll-Räder aus Magnesium (M403), ein sportlich abgestimmtes Sonderfahrwerk (M030) mit progressiven Turbo-Federn hinten, Turbo-Stoßdämpfer vorn sowie zwei Millimeter dickere Stabilisatoren mit einem Durchmesser von jetzt 22 Millimetern. Auffälligstes Bauteil wird der feste, große Heckspoiler mit umlaufender Gummileiste. Auf dem Heckdeckel verläuft der Schriftzug „RS America".

EIN KOMFORTABLER RS FÜR DIE USA

Anstelle schwerer Ganzledersitze kommen die Serien-Sportsitze mit „Recaro Cord"-Stoff zum Einsatz, dazu die vom europäischen RS bekannten Türtafeln. Eine Servolenkung baut Porsche nicht ein. Um die Hebelkräfte auszugleichen, misst das Sportlenkrad im Durchmesser 380 Millimeter. Anders als der puristische RS für den Heimatmarkt besitzt der RS America elektrische Fensterheber, Zentralverriegelung, Alarmanlage und eine Gepäckablage im Fond – Zugeständnisse an die komfortverwöhnte US-Kundschaft. Statt der leichten Alu-Fronthaube erhält das US-Modell eine Haube aus verzinktem Stahlblech. Als Extra bietet Porsche unter anderem Klimaanlage, ein elektrisches Stahl-Schiebedach, die 40-Prozent-Differenzialsperre und ein Radio mit CD-Wechsler an. Auch eine Konsole für ein Fujitsu-Mobiltelefon können Kunden bestellen. Als Serienfarben bietet Porsche Schwarz, Indischrot und Grandprixweiß, optional Polarsilber-Metallic und Nachtblau-Metallic an.

Mit einem Gewicht von 1.340 Kilogramm beschleunigt die US-Version von Null auf 96 km/h (60 mph) in 5,3 Sekunden. Wegen seiner üppigen Ausstattung wiegt der RS America nur zehn Kilogramm weniger als ein Basis-Carrera. Das Modell ist eher ein Zwitter und sicher kein puristischer RS.

Im Vergleich zu den teuren 964 RS-Modellen kostet der RS America 53.900 US-Dollar – und ist damit günstiger als der 911 Carrera 2. Dennoch entscheiden sich nur 617 US-Kunden 1993 für dieses Modell, 1994 sind es 84 Kunden. Insgesamt entstehen in den Jahren 1992 bis 1994 nur 702 RS America.

Zwischen 1993 und 1994 entstehen bei Porsche der 911 RS 3.8 und der 911 RSR 3.8.

PORSCHE 911 CARRERA RS 3.8

Die Porsche-Rennsportabteilung in Weissach modernisiert 1993 den RS für Europa. Der 964 RS 3.8 ist ein straßenzugelassener Rennwagen, der als Kleinserie in Handarbeit entsteht. Im Vergleich mit dem Vorgänger verfügt der 3.8 über größeren Hubraum, eine Leistungssteigerung, den auffälligen Heckflügel und ein überarbeitetes Fahrwerk.

Auf Basis der breiten Karosserie des 911 Turbo setzen die Ingenieure zusätzliche Spoilerecken an die Front und einen großen und breiten Doppelflügel auf den Heckdeckel. Der lässt sich je nach Einsatzzweck und Rennstrecke in sechs verschiedene Positionen einstellen.

Fronthaube und die Türen fertigt Porsche aus leichtem Aluminium. An den Seitenscheiben und am Heckfenster tauschen die Ingenieure das Serienglas gegen Dünnglas. Ein zusätzlicher Frontspoiler erhöht den Abtrieb an der Vorderachse. Zwei Lufteintritte versorgen die beiden Ölkühler. Porsche nennt das Fahrzeug in der Kommunikation mit Motorsportlern nicht mehr 911, sondern lediglich Carrera RS 3.8. Nur in der öffentlichen Kommunikation mit der Presse wird daraus der 911 Carrera RS 3.8.

Im Innenraum erfüllt der neue RS den Standard seiner Vorgänger: keine Airbags, kein Radio, keine Klimaanlage, keine elektrische Sitzverstellung und keine Rücksitze – vor allem kein unnötiges Gewicht. Selbst auf die Verkleidung im Fond verzichtet Porsche. Vorn kommen leichte Türtafeln zum Einsatz. Enge und lederbespannte Schalensitze halten die vorderen Passagiere fest.

Ein Schiebehubdach bietet Porsche nicht an. Aber der Hersteller weiß, dass Radio, Airbag und das Clubsport-Paket mit Überrollbügel, Feuerlöscher, Gurten und vereinfachter Innenausstattung interessante Optionen sind. Insgesamt wiegt der RS nur 1.210 Kilogramm, also 1.140 Kilogramm ohne Kraftstoff. Das sind im Vergleich zum Carrera 2 genau 140 Kilogramm weniger.

Je nach Rennstrecke lässt sich der Heckflügel in sechs verschiedene Positionen verstellen. Türen und Fronthaube bestehen aus leichtem Aluminium.

Aus dem 3,8-Liter-Sechszylinder-Boxer quetscht Porsche mindestens 300 PS und 360 Nm, der Turbo-Flügel zählt zum RS-Paket und sorgt neben Abtrieb für ausreichend Motorkühlung.

EIN NEUER MOTOR AB 1993

Die Motorsportabteilung in Weissach verändert 1993 den Antrieb deutlich. Sie vergrößern die Bohrung des Sechszylinder-Boxers auf 102 Millimeter. Bei einem Hub von unverändert 76,4 Millimetern ergibt das einen Hubraum von 3,8 Litern. Leichtere Kolben, leichtere Kipphebel, neue Ventile und eine neue Auspuffanlage sorgen für einen schnellen Gasdurchfluss.

Eine Luftführung mit sechs Einzeldrosselklappen und sequentieller Einspritzung versorgt nun jeden Zylinder bestmöglich mit Kraftstoff. Beim Luftmassenmesser setzen die Rennmechaniker auf die Heißfilmtechnik. Ein doppelter Ölkühler sichert bei extremer Beanspruchung die Kühlung des Schmiermittels.

Der Boxer leistet 300 PS bei 6.500 U/min. Im Carrera 2 sind es zur gleichen Zeit 250 PS bei 6.100 U/min. Das maximale Drehmoment von 360 Newtonmeter steht bei 5.250 U/min an – eine Steigerung von 50 Newtonmeter im Vergleich zur Basis.

Gegenüber der Drehzahlbegrenzung von 6.700 U/min beim 3,6-Liter-Motor dreht der neue RS-Motor bis 7.100 U/min. Eine neue Motor-Elektronik von Bosch steuert Kraftstoffregelung und Zündung. Mit aktiver Klopfregelung gelingt eine präzisere Abstimmung und damit eine größere Leistungsentfaltung. Zwei Metall-Katalysatoren filtern die Abgase mit wenig Gegendruck.

DEUTLICH VERBESSERTE FAHRLEISTUNGEN

Von Null auf 100 km/h sprintet der RS 3.8 in 4,9 Sekunden, Tempo 200 erreicht er in 16,6 Sekunden. Seine Höchstgeschwindigkeit liegt bei 270 km/h. Eine Einscheiben-Trocken-Sportkupplung überträgt die Kraft zwischen Motor und dem manuellen Fünfgang-Getriebe. Die kurzen Schaltwege stammen aus dem RS 3.6.

Damit die Kraft auf die Straße kommt, baut Porsche ein Differenzial mit 40 Prozent Sperrwirkung ein und zieht Reifen in der Dimension 235/40ZR18 bzw. 285/35ZR18 auf neun und elf Zoll große Felgen. Für ausreichend Verzögerung sorgen vorn Bremsen des 911 Turbo 3.6 und hinten vom Cup-Carrera RS 3.6. Alle Bremssättel sind rot beschichtet.

Im Vergleich zum 964 RS 3.6 verzichten die Ingenieure auf ein knüppelhartes Fahrwerk und spendieren dem 3.8 RS etwas Restkomfort. Eine geänderte Federrate und Stoßdämpfer von Bilstein sorgen einerseits für präzises Ansprechverhalten auf der Rennstrecke, aber auch für etwas Bequemlichkeit auf längeren Strecken.

Der Stabilisator vorn mit einem Durchmesser von 24 Millimetern lässt sich fünffach verstellen, die Domstrebe zwischen den Dämpferaufhängungen sorgt für mehr Stabilität in extremen Fahrsituationen. An der Hinterachse kommt ein Stabilisator mit 21 Millimetern Durchmesser und drei Verstelloptionen zum Einsatz.

Der Verkauf des 225.000 Mark teuren Carrera RS 3.8 erfolgt ausschließlich über die Porsche-Rennsportabteilung und nicht über lokale Händler oder Niederlassungen. Eine rechtsgelenkte Variante bietet Porsche ebenso wenig an wie ein Fahrzeug für den amerikanischen Markt.

Die ersten Fahrzeuge liefert Porsche im April 1993 aus. Nur 55 Exemplare entstehen, dazu 45 RSR 3.8. Der Hersteller lackiert sie in den Farben Indischrot, Grandprixweiß, Maritimblau, Schwarz oder Speedgelb. Zum Vergleich: Insgesamt stellt Porsche vom 964 exakt 63.750 Fahrzeuge her. Der 911 Carrera RS 3.8 zählt unbestritten zum technischen Höhepunkt der 964-Baureihe.

Beim RS 3.8 verzichtet Porsche auf Rücksitze, Airbags, Radio, Klimaanlage, Verkleidung und elektrische Sitzverstellung – für puristisches Fahrvergnügen.

Kurz vor dem Produktionsende des Typs 946 baut Porsche auf Basis des 911 Carrera RS 3.8 den Rennwagen 911 Carrera RSR 3.8. Er wiegt nur 1.120 Kilogramm und leistet 350 PS. Ein Exemplar liefert Porsche mit Straßenzulassung aus. Alle anderen fahren nur auf der Rennstrecke.

PORSCHE 911 CARRERA RSR 3.8

Mit der Hubraumerweiterung beim RS verbessert Porsche für das Modelljahr 1994 seine Rennwagen. Roland Kussmaul experimentiert mit seinem Team im Windkanal und auf Straßen an weiteren Verbesserungen des RS. Er wünscht sich wieder einen reinrassigen Renner für Rundstrecken. Als Kunden sieht er professionelle Rennteams. Jürgen Barth kann schließlich die Marketing-Strategen von Porsche überzeugen, dass ein Fahrzeug für den Motorsport genau das richtige Mittel ist, um gute Werbung zu betreiben.

Der 964 Carrera RSR 3.8 basiert, wie schon sein Vorgänger, auf dem 964 Carrera RS. Er kommt als reiner Rennwagen ohne Straßenzulassung für Sprint- und Langstreckenrennen zum Einsatz, darunter beim ADAC GT Cup. Ein Kunde besteht dennoch auf eine Straßenzulassung – und erhält sie. Er ist der einzige RSR 3.8 mit werksseitiger Straßenzulassung.

Beim Rennwagen reduzieren die Ingenieure das Gewicht weiter. Der verstellbare Heckflügel besteht aus Kunststoff, der Innenraum wird vollständig entkernt. Für mehr Sicherheit sorgen Rennsitze, Überrollkäfig, Sechspunkt-Gurte, Feuerlöschanlage, Batterie-Hauptschalter und Haubenverschlüsse. Kofferraumdeckel und die Türen bestehen weiterhin aus Aluminium. Die hinteren seitlichen Blinker fehlen, ebenso wie die Kennzeichenbeleuchtung der Heckstoßstange. Ein Renn-Tankverschluss verkürzt den Boxenstopp. Er ist vom Kofferraum vorn zugänglich, nicht wie beim Carrera im vorderen linken Kotflügel.

Nach allen Maßnahmen wiegt der RSR 3.8 nur noch 1.120 Kilogramm. Im Heck arbeitet ein leistungsgesteigerter 3,8-Liter-Boxer mit nun 350 PS bei 6.900 U/min. Laut Reglement im ADAC GT Cup wird die Leistung allerdings auf 325 PS gedrosselt und das Fahrzeuggewicht auf 1.300 Kilogramm erhöht. Das manuelle Fünfgang-Getriebe wird bei der Auslieferung auf eine Endgeschwindigkeit von 265 km/h übersetzt. Mit einer anderen Übersetzung sind aber bis zu 280 km/h möglich. Die Sperrwirkung des Differenzials liegt wie die des Carrera RS 3.8 bei 40 Prozent.

Anstelle eines Sportfahrwerks kommt im Rennwagen ein spezielles Rennfahrwerk mit Uniball-Gelenken und Bilstein-Stoßdämpfern zum Einsatz. Das Fahrwerk verfügt über verstellbare Stabilisatoren. Für eine zuverlässige Verzögerung sorgen wieder die Bremsen des 911 Turbo S mit Rennbelägen und ein auf den Renneinsatz abgestimmtes ABS. In den breiten Radhäusern sind Felgen von Speedline in der Größe vorn 9 x 18 und hinten 11 x 18 Zoll montiert.

Abhängig von Reglement und Renneinsatz – Sprint oder Langstrecke – bietet Porsche zwei Tankgrößen mit 43 oder 120 Liter Fassungsvermögen an. Der 911 Carrera RSR 3.8 kann damit bei den 24-Stunden-Rennen auf dem Nürburgring, in Spa oder Le Mans starten. Auch im Veedol-Langstreckenpokal darf der RSR 3.8 als Procar und als ADAC GT-Fahrzeug antreten. Dazu kommen Einsatzmöglichkeiten in der italienischen, japanischen und amerikanischen IMSA GT-Meisterschaft.

Optional stehen eine Lufthebeanlage, Zentralverschlüsse und zusätzliche Bremskühlung zur Wahl. Lackiert werden kann die Karosserie wie schon beim Carrera RS 3.8 in den Farben Indischrot, Grandprixweiß, Maritimblau, Schwarz oder Speedgelb. Porsche verlangt für das Sportgerät 270.000 Mark zuzüglich Bereitstellungsgebühr. Verkauft werden je nach Quelle zwischen 35 und 90 Fahrzeuge. Im Herbst 1993 präsentiert Porsche auf der IAA in Frankfurt die neue Generation des 911, intern 993 genannt. Damit ist das Ende von 964 RS und RSR besiegelt. Doch Porsche ist weiterhin vom Erfolg künftiger Supersportwagen und leichten Wettbewerbsfahrzeugen überzeugt – und plant schon den nächsten Aufschlag.

993

BEI PORSCHE STEHT ES KURZ VOR WASSERKÜHLUNG. ALS 1993 DIE BAUREIHE 993 STARTET, ERLEBT DER LUFTGEKÜHLTE BOXERMOTOR NOCH EIN FINALES, SECHSJÄHRIGES HURRA.

Carrera RS

Porsche bietet den 993 RS serienmäßig mit dezenten Spoilern an, die Clubsportvariante setzt unter anderem auf breite Frontflügel und großen Heckflügel.

Konservative Fans der Marke halten ihn für „den letzten wahren Porsche 911“ – eine inflationär gebrauchte Beschreibung, die vor dem 993 schon das Urmodell und die G-Serie tragen, und mit dem sich später noch viele weitere Modelle schmücken werden. Ungefähr so wie „die einzig wahre Liebe“.

Der Typ 993 startet als Nachfolger des 964 mit feinen, aber prägnanten Modifikationen. Er bleibt dem Grundcharakter des Sportwagenkonzepts treu. Dach und Kofferraum stammen vom Vorgänger, der Innenraum bleibt nahezu unverändert. Doch Front- und Heckpartie werden eleganter. Seine vorderen Kotflügel gestaltet Porsche breiter und flacher, die Scheinwerfer stehen weniger senkrecht.

In den neuen 911 investiert Porsche rund 400 Millionen Mark und vier Jahre Entwicklungsarbeit. Die Marke riskiert viel Geld, weil sie dringend einen Top-Seller benötigt. Das Geschäft läuft schlecht, weltweit fehlen Kunden. Deshalb konzentriert sich Porsche bei der Konzeption des neuen 911 auf eine breite Kundenschicht und nicht nur, wie zuvor beim 964, auf Porsche-Liebhaber.

Dabei greift der Hersteller zu ungewöhnlichen Mitteln: Die adaptierte „Weissach-Hinterachse“ aus dem 928 mit einer Mehrlenker-Konstruktion soll neben den Fahreigenschaften auch den Komfort verbessern. Porsche baut außerdem, zum ersten Mal seit dem Auslaufen der G-Serie, wieder einen 911 Targa. Die Motorenpalette streckt sich von 272 bis 450 PS. Neu dabei: Der 911 GT2, ein Dynamiker auf Basis des 911 Turbo. Er übt großen Druck auf den Carrera RS aus.

1995

Optisch dezent wie ein 911 Turbo, aber mit rund 1.300 Kilogramm deutlich leichter, fährt der 993 Carrera RS flinker um Kurven als der Turbo.

PORSCHE 911 CARRERA RS

Mit dem Wechsel auf die Generation 993 verändert sich der Porsche 911 spürbar. Er öffnet sich einem breiteren Publikum, wird regelrecht nahbar, sein Charakter dafür weniger spitz. Den Freunden des ungestümen Vorgängers schenkt Porsche trotzdem weiter entsprechende Autos, allen voran den neuen 911 Carrera RS. Er folgt mit Leichtbau und viel Kraft dem Vorbild seiner Vorgänger. 300 PS treffen auf 1.270 Kilogramm. Der Sportler debütiert im Januar 1995 auf dem Automobil-Salon in Amsterdam.

DER LETZTE SEINER ART

Eine interne Marktanalyse positioniert das Auto. Porsche findet: „Der 911 Carrera RS soll die technische Überlegenheit des 911 Typ 993 demonstrieren und damit die Porsche-Markenpositionierung als ‚innovativer Spezialist' stärken. Darüber hinaus soll der 911 Carrera RS den durch zahlreiche Rennsportsiege aufgebauten Porsche-Mythos in der breiten Öffentlichkeit nach dem Motto ‚unser Beitrag zum motorsportlichen Breitensport' generieren. Der Führungsanspruch von Porsche im Sportsektor muss durch den 911 Carrera RS deutlich reaktiviert werden."

Die angesprochenen Rennsportsiege erringt der 911 Carrera RS aber nicht im internationalen Umfeld. Denn entgegen der Tradition ist er nicht Basis für das weltweit eingesetzte 911-Wettbewerbsfahrzeug. „In die GT-Gruppe passte ein anderes Modell besser, der neue 911 GT2. Der entstand in der Reparaturwerkstatt in Weissach und wurde dort in der Kundensportabteilung homologiert. Dagegen entstand der RS in der Serienentwicklung", erinnert sich der damalige Rennfahrer und Porsche-Rennleiter Jürgen Barth.

EIN CARRERA RS FÜR NATIONALE RENNSERIEN

Damit bleibt für den neuen 911 Carrera RS nur noch der nationale Breitensport – wie der Porsche Clubsport. „Beim Carrera RS 993 gab es keine Homologation für eine internationale Rennserie. Damit konnte er auch nicht gegen Wettbewerber fahren. Das unterscheidet ihn von seinen Vorgängern", sagt Jürgen Barth weiter. Er wird damit das erste RS-Modell der 911er-Reihe, das nicht

Als erstes RS-Modell wird der 993 RS nach keiner internationalen Homologation gebaut. Damit kann der 993 RS lediglich im nationalen Breitensport starten – wie dem Porsche Clubsport.

Porsche eicht den 993 RS kompromisslos auf Sport: Schalensitze, Überrollkäfig, Sportlenkrad und Hosenträgergurte. Viele elektrische Helfer entfallen.

explizit als internationale Motorsportvariante entwickelt wird. Diese Rolle plant Porsche von Anfang für den 911 GT2. Wird der Carrera RS also eine reine Ausstattungs- und Modellvariante? Nach den Einsätzen auf der Rundstrecke und bei Rallyes wäre das etwas Neues für Porsche.

Trotzdem kommt der 911 Carrera RS vom Typ 993 gerade richtig. Denn 1995 wird ein wichtiges Jahr für Porsche. Nach drei mageren Jahren steigt der Umsatz endlich wieder an. Im Mai, nach seinem Debüt, freuen sich die ersten Kunden über das neue RS-Modell. Was sie zu diesem Zeitpunkt nicht wissen: Ihr Auto wird der stärkste, serienmäßige, luftgekühlte 911 mit Saugmotor und Straßenzulassung.

Um ein passendes Sportgerät für die nationale Gruppe N/GT homologieren zu können, will Porsche mindestens 1.000 Fahrzeuge verkaufen, insgesamt weltweit aber nur 1.200 Fahrzeuge des Typs. Im Januar 1995 startet die Produktion, zunächst nur als besonders sportliche Clubsportvariante (M003), um die Versorgung für die Motorsportsaison 1995 zu sichern.

Die Basisversion RS (M002) liefert Porsche ab Mai 1995 aus. Kurios: Das Auto gibt es streng genommen nicht in einer Version für den Heimatmarkt. Porsche baut ihn nur in der sogenannten „RdW-Version", kurz für Rest der Welt. Der neue 911 Carrera RS ist also nur für die Länder Schweiz, Belgien, Luxemburg, Niederlande (jeweils als Linkslenker) und Südafrika (Rechtslenker) homologiert. Kunden aus Deutschland, Österreich und England müssen das Modell mit einer Ausnahmegenehmigung privat importieren. Ursprünglich plant Porsche für den neuen 911 Carrera RS einen Preis von 145.000 Mark. Damit wäre er 450 Mark günstiger als sein Vorgänger. Doch in den Verkauf geht das Fahrzeug für 147.900 Mark. Damit kostet er knapp 20.000 Mark mehr als das Basismodell 911 Carrera. Die sportlichere Clubsport-Variante steht für 164.700 Mark in der Preisliste.

LEICHTBAU IM 911 CARRERA RS

Der Verzicht auf alles Überflüssige gehört zum guten Ton der RS-Familie. Entsprechend karg fällt der Innenraum des neuen 911 Carrera RS aus: Statt breiter Türverkleidungen baut Porsche dünne Türpappen und Laschen als Türöffner ein. Die elektrische Verstellung der Außenspiegel entfällt, Dünnglasscheiben an Seite und Heck ersetzen die serienmäßigen Fenster. Selbst die Heizdrähte aus der Heckscheibe müssen weichen. Die Arbeit am Glas bringt in Summe fünf Kilogramm Gewichtsersparnis.

Hintere Sitze, elektrische Fensterheber, Zentralverriegelung, Scheinwerferreinigungsanlage, Antennenverstärker, Lautsprecher, Intervallschalter für den Scheibenwischer, Leuchtweitenregulierung, Instrumentendimmung und Innenraumleuchten fliegen aus dem Auto. Für Länder, in denen eine Wegfahrsperre vorgeschrieben ist, installiert Porsche ein System ohne die üblicherweise gekoppelte, rund 1,5 Kilogramm schwere Zentralverriegelung. Selbst den Kabelstrang verschlanken die Entwickler. Die Starterbatterie speichert nur 36 Amperestunden.

Eine leichte Fronthaube aus Aluminium ersetzt das Serienteil aus Stahl. Statt Gasdruckdämpfern für die Kofferraumklappe kommen leichte Haltestäbe aus Aluminium zum Einsatz. Das macht nochmal minus 7,5 Kilogramm. Bei dieser konsequenten Askese wirkt es unpassend, dass die Japan-Version (M007) elektrische Fensterheber und generell etwas mehr Komfortausstattung bietet.

100 KILOGRAMM LEICHTER

Spezielle, in Wagenfarbe lackierte und mit Leder bezogene Sitzschalen wiegen 30 Kilogramm weniger als die Sitze des 911 Carrera. Den Unterbodenschutz trägt Porsche nur dünn auf. Weil der volle Schutz gegen Rost nun nicht mehr gegeben ist, reduziert der Hersteller die üblicherweise zehnjährige Langzeitgarantie gegen Durchrostung auf drei Jahre. Der Motorraum bleibt beim RS mit Dämmmaterial isoliert – zumindest etwas. Das Ergebnis dieser Mühen: Mit 1.270 Kilogramm wiegt der RS genau 100 Kilogramm weniger als der Basis-993-Carrera – leider aber immer noch 50 Kilogramm mehr als der 964 RS.

Unnötiger Luxus verschlechtert das Leistungsgewicht. Was nicht unbedingt zum Fahren benötigt wird, kommt ab Werk nicht ins Auto. Gegen Aufpreis sind trotzdem viele Extras verfügbar. Dazu gehören Airbags für Fahrer und Beifahrer (M562), Windschutzscheibe mit Grünkeil (M567), elektrische Fensterheber sowie das Radio Düsseldorf mit Radiovorrüstung und zwei Türlautsprechern (M336 und M451), außerdem Rennschalen aus dem 964 Speedster mit dünnem Lederbezug sowie eine Domstrebe.

Der für den 911 Carrera optional erhältliche 92-Liter-Tank zählt beim 911 Carrera RS zur Serienausstattung. Er kostet sonst 590 Mark. In den Rechtslenker passen wegen der geänderten Führung der Lenksäule nur 73,5 Liter Benzin. Statt dem 6,5-Liter-Waschwasser-Tank müssen beim Rechtslenker 1,2 Liter genügen.

KONSTRUKTIVE ÄNDERUNGEN AM 911 CARRERA RS

In den RS-Modellen des Porsche 911 geht es nie um bloßes Weglassen schwerer Teile, sondern um eine ganzheitliche Betrachtung. An der Karosserie der Baureihe 993 bringt Porsche deshalb zusätzliche Verstärkungen an, um die 18-Zoll-Räder montieren zu können. Etliche Verbindungen zwischen Karosserieteilen werden zusätzlich bearbeitet oder verstärkt. Das erhöht die Steifigkeit der Karosserie zum Vorgänger 964 RS um 20 Prozent.

Neu geformte Schwellerblenden sorgen in Verbindung mit dem Bug- und Heckspoiler für eine bessere Aerodynamik. Während an der Vorderachse ein neutraler Auftriebswert erzielt wird, sorgt die Luftführung an der Hinterachse bei höheren Geschwindigkeiten für Abtrieb. Dafür orientieren sich die Ingenieure am Vorgänger. Sie entfernen den automatisch ausfahrbaren Spoiler des 993 und bauen stattdessen einen feststehenden, großen Flügel an. Am Bug kommt beim RS ein mittig geteilter, mit abgerundeten Ecken versehener Frontspoiler hinzu. All das lässt den 911 Carrera RS beinahe wie einen Rennwagen wirken, der sich auf die Straße verirrt hat.

Auf die optimierte Karosserie sprüht Porsche ab Werk fünf Uni-Farben und zwei Metalliclacke. Zur Wahl stehen Schwarz, Indischrot, Grandprixweiß, Rivierablau, Speedgelb sowie Polarsilbermetallic und Nachtblaumetallic. Die Clubsport-Version gibt es nur mit Uni-Lacken. Im Innenraum stimmt Porsche die Farbe von Sicherheitsgurten, Öffnerschlaufen, RS-Schriftzügen und Teppichverkleidungen an der Rückwand auf die Außenfarbe ab. Sie sind Schwarz, Indischrot, Rivierablau oder Speedgelb. Auf den Sitzen spannt stets schwarz-dunkelgrau perforiertes Leder.

EIN STARKER SAUGER FÜR DEN 993

Wie beim Vorgänger basiert der Motor des 993 RS auf dem der Carrera-Modelle. Die Ingenieure vergrößern die Bohrung des 3,6-Liter-Blocks von 100 auf 102 Millimeter und erweitern damit den Hubraum auf 3,8 Liter. Exakt sind es 3.746 ccm, wie beim RS-Vorgänger 964.

Für den schnellen Gaswechsel sorgen beim RS größere Einlass- und Auslassventile mit hydraulischem Ventilspielausgleich. Die Einlassventile messen nun 51,5 statt 49 Millimeter im Durchmesser. Die Auslassventile vergrößert Porsche von 42,5 auf 43 Millimeter. Sie sorgen in Verbindung mit einer neuen Nockenwelle für einen gesteigerten Durchsatz des Benzin-Luft-Gemischs. Damit die Abgase die höheren Temperaturen nicht an die Zylinderköpfe weiterleiten, tragen die Auslassventile eine Keramikbeschichtung.

VARIORAM: DAS NEUE SAUGROHR

Ab dem Modelljahr 1996 installiert Porsche im 993 Carrera eine schaltbare Resonanzsauganlage mit variablen Saugrohrlängen, genannt Varioram. Die Ingenieure passen sie an die Besonderheiten des 3,8-Liter-Boxers an. Mit dieser Technik generiert der Motor mehr Drehmoment im niedrigen Drehzahlbereich und mehr Leistung bei höheren Drehzahlen.

Mit dem 3,8-Liter-Sechszylinder entwickelt Porsche den stärksten Saugmotor der Baureihe. Anfangs leistet das Triebwerk 272 PS, später 300 PS.

Der 911 Carrera RS kostet ab 1995 mindestens 147.900 Mark. Porsche baut 1.014 Exemplare des 300 PS starken und 277 km/h schnellen Straßensportlers

Das funktioniert so: Im unteren und mittleren Drehzahlbereich strömt die Ansaugluft durch ein langes Saugrohr. Ab einer Drehzahl von mehr als 5.000 U/min halbiert das System die Länge des Saugrohrs. Für diese Funktion ist das Saugrohr zweigeteilt. Ein Teil ist fest mit dem Zylinderkopf verbunden, der andere lässt sich variabel verschieben. Zwei unterdruckgesteuerte Verschiebeteile stellen die Länge der Saugrohre jeder Zylinderbank drehzahlabhängig ein.

Als weitere Verbesserung zum 964 RS erleichtert Porsche zudem den Kurbeltrieb des Motors. Dank breiterer Wangen ist die Welle biege- und torsionssteifer als die des 964 RS. Die Maßnahmen senken das Gewicht um insgesamt 800 Gramm. Dank der geringen, oszillierenden Massen kann Porsche auf einen Schwingungsdämpfer verzichten.

Zudem installiert Porsche ein anderes Motormanagement mit Heißfilmsensor als Luftmassenmesser und eine Zwei-Rohr-Abgasanlage mit zwei Katalysatoren. Die Verdichtung liegt nun bei 11,3:1. Die Doppelzündung verkürzt den Flammweg um 17 Prozent, verglichen mit dem 964 RS.

KOMFORT UND LEICHTBAU

Statt des leichten und im Leerlauf ruppigen sowie polternden Einmassenschwungrades des 964 RS verfügt der 993 über ein Zweimassenschwungrad. Das unterbindet die Übertragung von Schwingungen der Kurbelwelle an das Getriebe, so dass dieses leiser arbeitet. Nur in der Clubsportversion M003 kommt das Zweimassenschwungrad nicht zum Einsatz, um für extreme Belastungen gewappnet zu sein. Stattdessen setzt Porsche hier auf Stahlfederdämpfer.

Die umfangreichen Maßnahmen steigern die Leistung des 3,8-Liter-Boxers von 272 PS auf 300 PS bei 6.500 U/min und 355 Nm bei 5.400 U/min. Der Motor dreht etwa 7.000 Touren und schiebt den 911 Carrera RS in glatt fünf Sekunden von Null auf 100 km/h. Seine Höchstgeschwindigkeit beträgt 277 km/h. Für diese beeindruckenden Daten arbeitet der Motor nahezu an der Klopfgrenze. Er setzt auf eine Klopfregelung mit Schwingungssensoren. Diese reagieren sensibel auf das Klopfen jedes einzelnen Zylinders und können die Zündung individuell zurückregeln.

Der Motor selbst trägt ebenfalls zum Leichtbau bei. Porsche fertigt hochbelastete Gehäuseteile aus Aluminium, weniger belastete aus Kunststoff oder Magnesium. Aus Grauguss bestehen nur Nockenwelle, Kipphebel und Zwischenwellrad. Kühlluftgebläse, Ölpumpengehäuse, Sauganlage und Kettengehäuse fertigt Porsche aus Magnesium.

Stahl kommt bei Kurbelwelle, Pleuelstangen, Zwischenwelle, Ventilen, Ventiltellern, Ventilfedern, Ventilsitzringen, Kettenrädern, Riemenscheibe, Verblechung, Abgasanlage, außerdem beim Öltank und dessen Leitungen zum Einsatz. Unterdruckbehälter, Kühlluftführung, Heizluftführung, Ventildeckel, Luftfiltergehäuse, Spann- und Gleitschienen bestehen aus leichtem Kunststoff. Für den Werkstoff Aluminium entscheiden sich die Ingenieure bei Kurbelgehäuse, Kolben, Zy-

Ab Modelljahr 1996 schöpft der 993 RS aus 3,8 Litern Hubraum 300 PS bei 6.500 Umdrehungen.

	Carrera RS	Carrera RS Clubsport (M 003)
1. Gang	3,154	3,154
2. Gang	2,000	2,000
3. Gang	1,517	1,517
4. Gang	1,242	1,241
5. Gang	1,024	1,031
6. Gang	0,821	0,821

Bis an die Klopfgrenze arbeitet der 3,8-Liter-Motor. Damit rennt der 993 RS von 0 auf 100 km/h in fünf Sekunden und fährt bis zu 277 km/h schnell.

lindern, Zylinderköpfen, Nockenwellengehäusen, Konsolen, Ölkühler und -leitungen.

Leichtbau bedeutet Verzicht auf Komfort, auch bei der Lautstärke: „Dafür allerdings muss (sic!) man sich mit einem überaus kernigen Geräuschpegel abfinden, weil natürlich auch das Weglassen von dämmendem Material zu den gewichtsreduzierenden Maßnahmen beim RS-Modell gehört", schreibt Götz Leyrer in *auto motor und sport.*

Trotz der immensen Veränderung mutiert der Antrieb nicht zum pflegeintensiven Rennmotor, sondern bleibt mit langen Wartungsintervallen alltagstauglich. Der Ölwechsel steht alle 20.000 Kilometer an, ebenso neue Luftfilter. Zündkerzen, Kraftstofffilter und Ölfilter sollen alle 40.000 Kilometer getauscht werden.

FEINARBEIT IM GETRIEBE

Neu ist beim RS das eng gestufte, manuelle Sechsgang-Getriebe (G50/31). Den Schaltkomfort verbessert Porsche mittels einer neuen Doppelkonus-Synchronisierung des ersten und zweiten Gangs. Damit reduzieren sich die Schaltkräfte um 30 bis 40 Prozent – bei Langstreckenrennen ein wesentlicher Vorteil.

Dank kugelgelagerter Hülsen der Innenschaltung und nahezu spielfreier Auslegung der Teile zwischen Außen- und Innenschaltung arbeitet das manuelle Getriebe präziser und flüssiger. In der Clubsportversion führt Porsche außerdem Synchronringe aus Stahl aus. Zusätzlich optimiert man Kegelrad, Tellerrad und die Gangräder, um das Getriebe leiser zu machen.

Im Vergleich zum Carrera legt Porsche die ersten drei Gänge des RS und der Clubsport-Variante länger aus, um das Geschwindigkeitsspektrum auf der Rennstrecke sinnvoll abdecken zu können. Das Übersetzungsverhältnis des Getriebes ist in der Clubsportvariante jedoch unterschiedlich, wenn auch nur im vierten und fünften Gang. Für mehr Traktion sorgt ein neues Sperrsystem, das aus zwei Komponenten besteht: Dem automatischen Brems-Differenzial (ABD) und der mechanischen Hinterachs-Quersperre mit den Sperrwerten für Zug/Schub von 40 beziehungsweise 65 Prozent. Zum Vergleich: Der Carrera liegt bei 26/65 und der Carrera 4 bei 25/40. Der Wert des 964 RS liegt bei 20/100. Damit können Piloten bei Kurvenfahrten einen sicheren und schnellen Lastwechsel vollziehen und den eingeschlagenen Kurvenradius auch unter Last halten.

EIN WEICHERES FAHRWERK

Dämpfer und Federn stimmt Porsche beim RS neu ab. Das Fahrwerk ist an Vorder- und Hinterachse einstellbar. So lassen sich die vorderen Stützlager verschieden positionieren und in umgedrehter Rennsport-Einbaulage sogar von oben fein verstellen.

Im 993 setzt Porsche hinten eine neue Doppelquerlenkerachse ein. 42 Prozent aller Bauteile bestehen aus Aluminium. Für den RS optimieren die Fahrwerksspezialisten die Aufhängung weiter. Vorn liegt der 911 Carrera RS 30 Millimeter tiefer, hinten sogar 40 Millimeter. Dazu kommen steifere Fahrschemel und Lenklager. Damit wird die Elastokinematik verbessert und die Radführung in allen Bereichen präziser. Die Stabilisatoren an Vorder- und Hinterachse lassen sich verstellen – vorn in fünf verschiedenen Stufen, hinten in drei.

Aber so richtig komfortabel wird das Fahrwerk dennoch nicht. Götz Leyrer, Redakteur bei *auto motor und sport,* mokiert nach einem Test: „Fahrkomfort bleibt da, auch wegen der tiefergelegten Karosserie und des hart abgestimmten Fahrwerks, nicht viel übrig. Aber das erwartet wohl auch niemand von einem in der Wolle gefärbten Sportwagen, der für das Fahren unter extremen Bedingungen gemacht ist."

Mit minimalen Änderungen des Sturzes erhöht Porsche die möglichen Seitenkräfte. Das verspricht höhere Kurvengeschwindigkeiten. Bei der Lenkung wählt Porsche eine direktere Lenkübersetzung. Der Hersteller nutzt das Lenkgetriebe des 964 (Baujahr 1991), setzt aber erstmals beim RS eine Servolenkung ein, damit die Piloten weniger Kraft aufwenden müssen. Das Auto wird dadurch sieben Kilogramm schwerer. Im Vergleich zum Carrera sind trotzdem höhere Lenkkräfte erforderlich. „Dies auf abgesperrter Strecke auszuloten, macht zweifellos Vergnügen, weil der RS ein begnadeter Kurvenkünstler ist, der in Querbeschleunigung und Handlichkeit Maßstäbe setzt – von seinen machtvoll zupackenden, auch härtesten Beanspruchungen gewachsenen Bremsen ganz zu schweigen", so Götz Leyrer.

45 PROZENT MEHR BREMSFLÄCHE

Zum geänderten Fahrwerk zählen außerdem dreiteilige Speedline-Räder in 18 Zoll mit der Reifenkombination 225/40ZR18 vorn und 265/35ZR18 hinten. Die breiten Räder sorgen für noch spontaneres Einlenken und mehr Grip als die beim Carrera, der als Basis auf 16-Zoll-Rädern daherkommt.

Die innenbelüfteten und gelochten Scheibenbremsen mit Vierkolben-Festsätteln des Carrera RS stammen vom 911 Turbo. Zur besseren Unterscheidung vom Serienauto lackiert Porsche die Bremssättel rot. Im Vergleich zum 964 RS bietet das neue Modell 45 Prozent mehr Bremsfläche. Rundum kommen 322 Millimeter große Scheiben zum Einsatz.

Der 993 RS bremst damit deutlich besser als der 964 RS oder der 993 Carrera. Nach 2,7 Sekunden kommt er aus 100 km/h zum Stehen. Dafür sorgt unter anderem das neu abgestimmte Vier-Kanal-ABS und ein größerer Hauptbremszylinder mit hydraulischer Bremskraftverstärkung. Dank der Frischluftzufuhr aus dem Bugteil wird die Bremsanlage auch bei intensiver Beanspruchung gut belüftet und gekühlt.

ZIEL NICHT ERREICHT

Die angepeilte Menge von 1.200 Einheiten erreicht Porsche nicht. Insgesamt entstehen nur 1.014 Autos. Das Problem: Besonders hartgesottene RS-Fans vermissen das knüppelharte Fahrwerk der Vorgänger, das den RS auf der Rennstrecke unschlagbar macht. Zudem bietet Porsche für den Carrera 2 ein Leistungskit mit 285 PS an, das den Abstand zum RS schrumpfen lässt.

Zweifler dürften sich wenig später geärgert haben. Mit der Einführung des 996 und seiner Wasserkühlung ist die Zeit der luftgekühlten Serien-Boxer endgültig zu Ende. Außerdem scheint es zunächst so, als ob das Kürzel RS aus dem Porsche-Portfolio verschwindet. Götz Leyrers Fazit in *auto motor und sport:* „Ein harter Bursche für Freaks also – alle anderen warten besser noch ab. Denn ab dem kommenden Modelljahr erhalten alle Carrera-Ausführungen einen 285-PS-Motor."

Die seitlichen Lippen des Frontspoilers sorgen für eine bessere Luftführung um das Fahrzeug und minimieren den Auftrieb an der Vorderachse.

Das Clubsport-Paket (M003) fällt vor allem durch die üppigen Spoiler an Front und Heck auf. Dafür erhöht sich der Abtrieb, auch bei Nässe.

Der Frontspoiler der Clubsportvariante bietet im Gegensatz zum normalen 993 RS seitliche Lippen und eine durchgehende Front.

PORSCHE 911 CARRERA RS CLUBSPORT

Parallel zum Carrera RS baut Porsche den RS mit dem Clubsport-Paket (M003) – ein Meisterwerk für die Rennstrecke. Von außen lässt sich die Clubsport-Variante direkt an seinen Aerodynamik-Bauteilen erkennen. Vorn kommt eine hochgerollte Lippe zum Einsatz, hinten ein je nach Einsatz verstellbarer, großer Spoiler. In dem variablen Anbauteil mit breiten seitlichen Finnen integriert Porsche Kanäle für die Motoransaug- und Kühlluft. Der Frontspoiler bietet anders als der Basis-RS mit seinen seitlichen Lippen eine durchgehende Lippe. Das große Spoiler-Paket ist auch für den Basis-RS als Option M471 bestellbar. Es ist ein Kürzel mit Geschichte, denn im 911 Carrera RS 2.7 von 1972 ist dies der Code für die Sportversion. Motor und Fahrwerk des Clubsport gleichen dem des regulären 993 RS. Ein eingeschweißter Überrollkäfig sorgt für mehr Sicherheit bei Rennen und eine Domstrebe für ein steiferes Fahrverhalten in extremer Kurvenlage. Spezielle Recaro-Schalensitze (das Paar wiegt 18 Kilogramm) nehmen eine Sechs-Punkt-Gurtanlage auf. Der Batterie-Hauptschalter kappt bei Bedarf die gesamte Energie des Autos. Eine Feuerlöschanlage hilft im Brandfall. Das Dämmmaterial fliegt im Innenraum und im Motorraum komplett raus. Wer einen Airbag haben möchte, muss ihn separat bestellen – aber wer benötigt in einem Rennwagen mit Sechs-Punkt-Gurten und Käfig schon einen Airbag? 1.270 Kilogramm wiegt der RS in der Clubsport-Variante. Von Null auf 200 km/h sprintet er in 18 Sekunden und fährt bis zu 280 km/h schnell. „Die Art und Weise, wie der RS das vollbringt, ist das Faszinosum. Der neue Carrera RS bewegt sich mit dem vielversprechendem Leistungsgewicht von 4,2 Kilogramm pro PS sogar in solch souveräner Manier durch das verzweigte und verworrene, städtische Verkehrgestrüpp, als sei es sein ureigenes Terrain“, schreibt Horst von Saurma in *sport auto.* 227 Kunden wählen bei der Bestellung eines RS das Clubsport-Paket. Es ist und bleibt ein Auto der Ingenieure, ein kompromissloser Vertreter eines großartigen Sportwagens.

Den opulenten Heckspoiler gibt es nicht nur in der Clubsportvariante mit dem internen Code M003, sondern auch als Option für den Basis-RS.

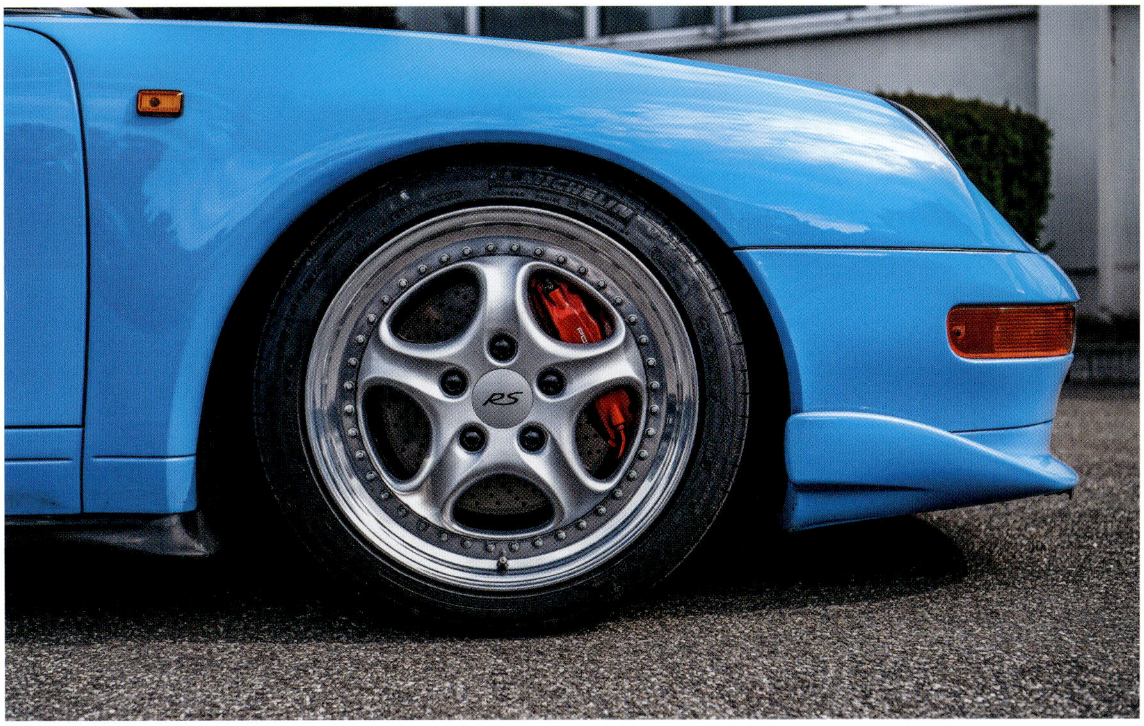

Statt 16-Zoll-Rädern kommen beim 993 RS dreiteilige 18-Zoll-Räder zum Einsatz, mit der Reifenkombination 225/40ZR18 vorn und 265/35ZR18 hinten.

Passagiere müssen beweglich sein, um sich hinter die seitlichen Streben des Überrollkäfigs auf die engen Sportsitze zu schlängeln.

DIE WASSER-GEKÜHLTEN RS-MODELLE

FÜR DEN TYP 996 KONSTRUIERT PORSCHE ERSTMALS WASSERGEKÜHLTE BOXERMOTOREN. DORT UND IN SEINEN NACHFOLGERN 997, 991 UND 992 ERREICHEN DIE ANTRIEBE DAMIT NEUE SPITZENLEISTUNGEN.

PORSCHE
GT3 RS

996

TRADITION BLEIBT NUR LEBENDIG, SOLANGE SIE RAUM FÜR ENTWICKLUNG HAT. SELBST EIN HERSTELLER WIE PORSCHE, DER VIEL WERT AUF SEINE IM GRUNDE GAR NICHT SO LANGE HISTORIE LEGT, DARF NICHT STAGNIEREN UND NUR DAS DAGEWESENE WIEDERHOLEN.

GT3
PORSCHE
MUSEUM

Der Porsche 911 GT3 ist ab 1999 „der legitime Nachfolger des Modells RS", so schreibt es Porsche selbst in einer Pressemeldung. Mit ihm homologiert der Hersteller den GT3-Rennwagen.

Schon gar nicht in einer finanziellen Situation, wie sie nach der deutschen Wiedervereinigung bei Porsche vorherrscht. Dem Sportwagenbauer geht es wirtschaftlich schlecht. Der *Spiegel* beschreibt die Situation im Jahr 1993 als Krise und prophezeit eine feindliche Übernahme durch einen großen Autokonzern. Erst Innovation und Mut bringen die Wende. Moderne Fertigungsmethoden und eine neue Produktionsplanung, bei der wenig auf Halde gebaut wird, verschlanken die Fixkosten.

Weitere Modelle sprechen zusätzliche Kunden an. Und eine Gleichteilestrategie, bei der pro Modell die Anzahl der individuell entwickelten Bauteile sinkt, verringert die Kosten in Entwicklung und Lieferkette. Porsches Mut bedeutet aber auch, das Unantastbare infrage zu stellen, sogar die heilige Luftkühlung. Der Elfer muss sich schließlich nicht nur einer neuen Strategie fügen, sondern auch den künftigen Vorgaben für Emissionen und Lautstärke. Der Rest ist bekannt: Zum ersten Mal seit seiner Einführung im Jahr 1963 verändert Porsche den 911 elementar. Er baut auf einer neuen Plattform auf, die eine parallele Entwicklungen mit dem zuvor eingeführten Boxster ermöglicht. Ein Wasserkreislauf kühlt fortan den Boxermotor. Mit dem Modellwechsel wächst das Auto auch und bietet signifikant mehr Platz. Und um all das zu unterstreichen, tauscht der 911 sogar die berühmten Kulleraugen gegen neue, in Fankreisen umstrittene Scheinwerfer im Spiegelei-Design.

Gleichteile mit dem Vorgänger sind streng genommen noch vorhanden, aber kaum der Rede wert. Porsche übernimmt das Emblem auf der Fronthaube, die Nabenabdeckungen der Felgen, das Lenkrad und die Airbags aus der Baureihe 993. Alles andere am 996 ist neu – abgesehen von Grundsätzlichem wie Fahrzeuglayout und Montageverfahren. Dieser radikale Richtungswechsel rettet dem Hersteller letztlich das Leben.

PORSCHE 911 GT3

In den 1990er Jahren verändert sich der Motorsport. Die von der FIA ausgeschriebene Sportwagen-Weltmeisterschaft wird wegen exzessiver Anforderungen für die meisten Hersteller finanziell unattraktiv. Sie endet 1992. Ab 1995 etablieren sich stattdessen die internationalen Klassen GT1 und GT2. Erstmals werden sie in der neuen BPR Global GT Series ausgetragen. Porsche nimmt mit den gleichnamigen Derivaten des 911 teil.

NACHFOLGER OHNE CARRERA UND RS

Schon zu Zeiten der Luftkühlung denkt Porsche über ein Motorsport-Engagement unterhalb dieser Klassen nach. Der Name für das dazugehörige Modell ergibt sich aus den Kategorien der BPR Serie: Unter den teuren Klassen GT1 und GT2 existiert die langsamere, aber dadurch finanziell attraktive GT3. Nur findet hier keine wirkliche Meisterschaft statt. Erst mit dem Start der ACO GT im Jahr 1999 und der vergleichbaren FIA N-GT ein Jahr später gibt es eine Bühne für GT3-Fahrzeuge. Porsche konstruiert dazu einen GT3-Rennwagen und das Homologationsmodell mit Straßenzulassung, den 911 GT3. Der Hersteller schreibt am 17. Dezember 1998 in einer Pressemeldung: „Der 911 GT3 ist der legitime Nachfolger des Modells RS“. Dass es in Zukunft bei Porsche wieder echte RS-Modelle geben wird, weiß zu diesem Zeitpunkt noch niemand.

EIN NEUES FAHRWERK FÜR DEN 911 GT3

Verantwortlich für das Auto sind Roland Kussmaul, Entwicklungschef für Renn- und Sonderfahrzeuge, sowie Hartmut Kristen, Leiter des Kundensports. Sie arbeiten sich ins Reglement ein, besorgen sich einen 911 Carrera und bestimmen die nötigen Veränderungen am Auto. Diese betreffen vor allem das Fahrwerk. Ein 911 GT3 als Rennwagen muss über Einstellmöglichkeiten verfügen, die ein 911 Carrera nicht bietet. Das Homologationsmodell erhält deshalb Bilstein-Stoßdämpfer mit Federtellern, die sich in der Höhe verstellen lassen. Anders als bei den Vorgängern gibt es diese Option im 996 nicht mehr. Die Spurstangen sind so angebracht, dass sich eine veränderte Bodenfreiheit nicht negativ auf das Fahrverhalten auswirkt.

Außerdem kommen Uniball-Domlager und geteilte Querlenker zum Einsatz. Letztere ermöglichen mehr Radsturz als die Serienteile – ein wichtiges Detail für Rennwagen. Modifizierte Verschraubungen der Hilfsrahmen und verstellbare Stabilisatoren mit größerem Durchmesser und mehr Wandstärke als im 911 Carrera verbessern das Fahrver-

Was schon ist und was noch kommen wird: Der Porsche 911 GT3 von 1999 neben dem Porsche 911 GT3 RS von 2003.

GT3
PORSCHE
MUSEUM

Porsche Museum

Wenig optische Eigenständigkeit am 911 GT3: Exclusive-Felgen und Aero-Kit sind für jeden 911 verfügbar, die Bremse stammt vom 911 Turbo. Motor, Fahrwerk und Sitze unterscheiden das Homologationsmodell dennoch deutlich vom 911 Carrera.

halten zusätzlich. Die Bremse stammt vom später vorgestellten 911 Turbo, allerdings ohne dessen Belüftungssystem. Das optional für alle 911 verfügbare Aero-Kit, bestehend aus Frontstoßstange und Heckflügel, gleicht den Auftrieb an der Hinterachse aus.

Als die ersten Prototypen des Straßenautos fahren, wird ihre Nähe zu echten Rennwagen deutlich. Porsche-Werksfahrer Herbert Linge testet eine frühe Variante des 911 GT3 auf den damals katastrophal schlechten Straßen zwischen Weissach und Mönsheim. Er bricht die fünf Kilometer lange Strecke vorzeitig ab, fährt zurück und sagt Kussmaul, dass es schön sei, wenn das Auto eine Federung hätte.

ERPROBUNGSFAHRTEN AUF DER STRASSE

Kussmaul stimmt zu. „Der GT3 sollte kein Rennauto und Zahnbrecher sein“, erinnert er sich an die Entwicklungsphase. Sein Fahrwerk muss für die Homologation der Rennsport-Version taugen, im Straßenauto aber alltagstauglich sein. Wie sich dieser Kompromiss anfühlen soll, bestimmt er selbst in seiner Freizeit. Und zwar auf „DER Erprobungsstrecke schlechthin“.

In Zeiten des 996 kann Kussmaul noch unbürokratisch und spontan Versuchsfahrzeuge mit nach Hause nehmen. Er nutzt seine Fahrten von Weissach nach Hemmingen und Eberdingen, um das Fahrwerk abzustimmen. Abends fährt er bekannte Bodenwellen und Bahnübergänge auf seiner Hausstrecke ab und bewertet die Reaktion des Autos. Am nächsten Tag lässt er die Bauteile entsprechend anpassen. Das spare Entwicklungszeit, stellt er pragmatisch fest.

Für Erprobungsfahrten auf den großen Teststrecken fehlen Zeit und Budget. Die Ingenieure führen Hochgeschwindigkeitstests mit dem 911 GT3 auf der Autobahn A5 in Richtung Basel durch.

Heckschürze und Auspuffanlage übernimmt der 911 GT3 vom 911 Carrera.

Für „richtige" Tests auf den Teststrecken in Ehra-Lessien oder Nardo fehlen Zeit und Mittel. Viele Hochgeschwindigkeitstests erledigen die Ingenieure stattdessen nachts auf der Autobahn A5 in Richtung Basel. Dort prüfen sie, ob das Getriebe einen zusätzlichen Kühler benötigt (nein) und wie schnell das Auto auf Tempo 100 beschleunigt (4,8 Sekunden). Die Polizei weiß Bescheid. Gelegentlich fragen die Gesetzeshüter bei einer Pause auf dem Parkplatz nach, ob bei den Testfahrten alles klappen würde.

EIN WASSERGEKÜHLTER MEZGER-MOTOR

Verantwortlich für den Antrieb des ersten 911 GT3 ist Motorenprofi Hans-Georg Breuer. Er setzt nicht den neuen, wassergekühlten Boxer des 911 Carrera ein. Stattdessen baut er aus Stabilitätsgründen so etwas wie ein Best-Of der Porsche-Motoren. Im Prototyp kombiniert er Zylinderköpfe des 959, Kurbelwelle sowie Kurbelgehäuse des 911 Turbo der Baureihe 964 und die Zylinderblöcke des 911 GT1 mit Kleinteilen aus vielen anderen Aggregaten. Das Ölreservoir befindet sich außerhalb des Motors.

Damit Köpfe und Blöcke zusammenpassen, muss Breuer die Kühlkanäle aufwändig bearbeiten. Er ergänzt außerdem das Nockenwellenverstellsystem Variocam auf der Einlassseite und Pleuelstangen aus Titan. Letztere erlauben im Rennauto besonders hohe Drehzahlen. Schon in der Straßenversion dreht der Motor 7.800 Touren. Im Serienmotor werden aus den modifizierten Elementen eigenständige Bauteile mit zugehörigen 996-Teilenummern. Gelegentlich finden sich in den Fahrzeugen dennoch Teile mit 964-Kennung.

In der Pressemeldung vom Dezember 1998 zelebriert Porsche die Motorsport-Genese – und suggeriert fälschlicherweise, dass der Motor des 911 GT3 auf dem des 911 Carrera vom Typ 996 basiere: „Die Ingenieure von Porsche-Motorsport haben den Hubraum des wassergekühlten Motors von 3,4 Liter auf 3,6 Liter erweitert. Dank zahlreicher Modifikationen und der Verwendung von Bauteilen des GT1-Triebwerks sowie des Getriebes aus dem 911 GT2 leistet der 911 GT3 360 PS (265 kW)", so das Dokument. Abgesehen von Zylinderzahl und -abstand haben die Antriebe von 911 Carrera und 911 GT3 jedoch nichts miteinander gemein.

OFFIZIELLER NACHFOLGER DES 911 CARRERA RS

Die offizielle Einordnung des 911 GT3 als Nachfolger des Carrera RS verbindet die neue, an den Klassen des Motorsports orientierte Nomenklatur mit der lebhaften RS-Historie. Das Kürzel GT3 ist bis dato im Portfolio unbekannt, die Buchstabenfolge RS hingegen etabliert. Bei der Generation

Ein Flügel aus dem Regal: Für den ersten 911 GT3 entwickelt Porsche keinen neuen Heckspoiler, sondern begnügt sich mit einem vorhandenen Bauteil.

Im Innenraum des 911 GT3 kombiniert Porsche das Armaturenbrett der Carrera-Modelle mit sportlichen Schalensitzen.

Keine Rückbank: Aus Gewichtsgründen gibt es im 911 GT3 ab Werk nur zwei Sitzplätze.

996 ist ihr Einsatz an einem Serienauto nicht geplant. Ab 2001 trägt sie immerhin das zugehörige Rennauto.

Das Straßenauto beweist sein Talent auf der härtesten Rennstrecke der Welt. Mit Walter Röhrl am Steuer umrundet es die Nordschleife des Nürburgrings in 7:56,33 Minuten. Vor ihm knackt kein Serienauto die Acht-Minuten-Marke. Röhrl, selbst an der Entwicklung des Autos beteiligt, hatte diesen Meilenstein bereits vor der Rekordrunde angekündigt.

Das Magazin *sport auto* versteht die neue Nomenklatur als „Abkehr von der RS-Askese" und lobt die Alltagstauglichkeit des Autos: „Angesichts der fahrdynamischen Klasse, die tatsächlich profihafte Züge trägt, geht der Abrollkomfort voll in Ordnung." Klima- und Audioanlage würden sogar ins Konzept passen. Nur die Neigung zum Untersteuern findet wenig Anklang, weil sie auf der Rennstrecke in Hockenheim Zeit kostet.

Das britische Magazin *autocar* schwärmt im Test: „Wer diesem Auto zuhört, könnte niemals daran zweifeln, dass eine direkte Verbindung zwischen dem legendären 1971er Carrera 2.7 RS und Porsches neuem GT3 besteht, trotz des Wechsels von Luft- auf Wasserkühlung." Jürgen Schramek hält in *rallye racing* fest: „Der GT3 garantiert Porsche-Feeling wie zu alten RS-Zeiten."

Der Schweizer Journalist Jürg Wick bemängelt, Tieferlegung und Spoiler „können echte Elfer-Fans aber nicht darüber hinwegtrösten, dass die 1997 lancierte Neuauflage weichgespült worden ist." Das Auto sei „keine echte Herausforderung für den Fahrer mehr. Umso ungeduldiger wartet man auf eine echte Sportausführung, wie sie die legendären RS-Versionen darstellten."

Trotz Leichtbaumaßnahmen wie dem Verzicht auf eine Rückbank wiegt der 911 GT3 insgesamt 32 Kilogramm mehr als ein 911 Carrera. Anders als seine Vorgänger verbessert er seine Performance trotz Mehrgewicht. Zusätzliche Kraft aus dem schwereren Motor, größere Bremsen, Verstärkungen in der Karosserie und eine neue Luftführung sorgen für schnellere Rundenzeiten.

Spartanisch und wirklich motorsportlich wird der 911 GT3 nur optional. Porsche rüstet ihn ohne Aufpreis mit dem Clubsport-Paket aus (Sonderausstattung M003). Das beinhaltet einen verschraubten Überrollkäfig, von der FIA genehmigte, feuerhemmende Sitzbezüge, einen Batteriehauptschalter, Feuerlöscher, rote Gurte (oder einen Sechs-Punkt-Gurt für den Fahrer) sowie ein leichteres Einmassen-Schwungrad. Die Sidebags entfallen.

Porsche muss 1.400 Exemplare des 911 GT3 bauen, um die FIA-Homologation zu erreichen. In zwei Modelljahren entstehen insgesamt 1.868 Fahrzeuge. In den USA bietet der Hersteller das Auto nicht an, weil die strengen Abgasvorschriften nicht zu erfüllen sind. Porsche-Fans aus der neuen Welt beschweren sich in Internetforen und per E-Mail. Erst mit der zweiten Serie des 911 GT3 bedient Porsche diesen Markt.

Der Rote Bereich des Drehzahlmessers beginnt im 911 GT3 bei 7.500 Touren. Sein Mezger-Motor schafft 7.800 Umdrehungen.

2003

Ab 2003 setzt sich der 911 GT3 deutlich von den schwächeren Carrera-Modellen ab. Das legendäre Kürzel „RS" fehlt ihm aber weiterhin im Namen.

PORSCHE 911 GT3

Ein neuer Mann führt Porsches junge GT-Abteilung. Andreas Preuninger, Ingenieur und hingebungsvoller Autonarr, beginnt 1997 seine Karriere bei Porsche. Ab Oktober 2000 verantwortet er die GT-Fahrzeuge. Fortan ist er der Kopf hinter allen besonders wilden Modellen, unterstützt von seinem Mentor Roland Kussmaul. Sein erstes Projekt: Er soll den RS-Nachfolger 911 GT3 überarbeiten. Der wird damit noch nicht zum RS. Aber er wird schneller und besser.

DETAILVERBESSERUNGEN

Den 911 GT3 kennt Preuninger aus seiner Zeit als Instruktor in der Porsche-Sportfahrschule. Besonders die Farbe bleibt ihm im Gedächtnis: Das Orangerot des Autos beschreibt er im Nachhinein wenig positiv als „Mettwurst Metallic". An das Auto selbst denkt er hingegen gern. Schließlich sorgt der GT3 dafür, dass Journalisten und Tester den polarisierenden 996 als echten Porsche 911 wahrnehmen. *Auto Bild* titelt damals: „Der Elfer ist zurück".

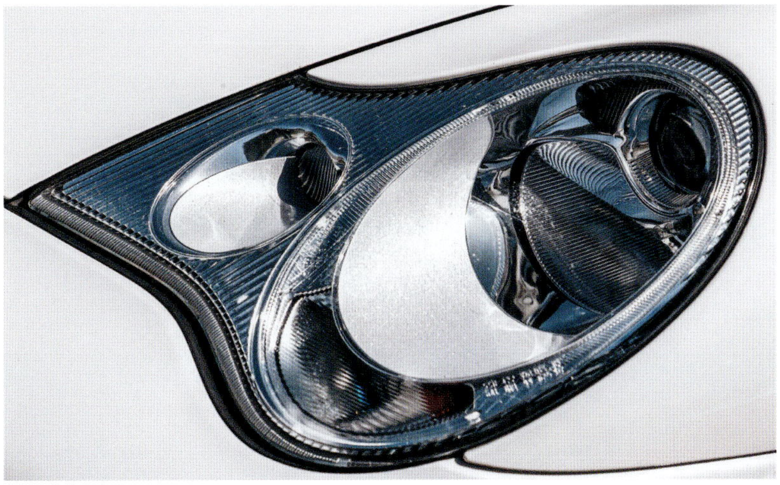

Optisch gefälliger: Zum Facelift modifiziert Porsche die Scheinwerfer des 911.

Dennoch gibt es Dinge, die Preuninger verbessern möchte, beginnend beim Aussehen. Ein Auto dieses Kalibers muss eigenständig sein, findet er. Und der erste 911 GT3 ist das nicht. Mit Porsche Exclusive-Felgen, Aero-Kit, sanfter Tieferlegung und Bremsen des 911 Turbo sieht ein 911 Carrera beinahe so aus wie ein 911 GT3. Das Gefühl eines „Regal-Autos", das sich – abgesehen von Motor, Fahrwerk und Sitzen – nur bei den verfügbaren Teilen bedient, stört Preuninger.

EIGENSTÄNDIGES AUSSEHEN

Er übernimmt die Projektleitung, als wichtige Details zum Aussehen bereits entschieden sind. Dazu gehört der Heckspoiler, der

Mehr Drehzahl: Der überarbeitete GT3-Motor dreht maximal 8.200 Touren.

Ähnlich, aber anders: Der 911 GT3 fühlt sich ab 2003 sportlicher an, bestätigen mehrere Journalisten.

Zum Facelift optimiert Porsche Aerodynamik, Leistung und Eigenständigkeit des 911 GT3.

Der neue Heckflügel verringert den Auftrieb und senkt gleichzeitig den Luftwiderstand des 911 GT3.

GT3
S GO 9963
Porsche Museum

Motorenprofi Hans-Georg Breuer bringt den 3,6-Liter-Boxer mit Modifikationen an Ansaug- und Abgasanlage sowie Kolben und Tassenstößel im Ventiltrieb auf 381 PS.

nach dem Facelift noch nicht Preuningers Vorstellungen entspricht. Das ärgert ihn noch Jahre später. Dafür bekommt sein Auto aber wichtige Details, die dem Vorgänger fehlen – zum Beispiel Nabendeckel mit einem GT3-Schriftzug. Es ist die erste Veränderung, die Preuninger veranlasst.

Porsches neuer GT-Mann arbeitet sich durch alle Details. Er sichert seinem ersten Auto besondere Felgen, ein überarbeitetes Fahrwerk und einen kräftigeren, drehfreudigeren Motor. Als er fertig ist, ist der neue GT3 kein „Regal-Auto" mehr. Sondern eines mit vielen exklusiven Teilen und einer überarbeiteten Aerodynamik. Fortan lässt sich der 911 GT3 nicht mehr einfach so aus einem 911 Carrera nachbauen.

Es geht aber nicht nur um Differenzierung, sondern vor allem um Funktion. Eine neue Spoilerlippe reduziert den Luftstrom unter dem Auto. Die überarbeitete Bugschürze führt den Fahrtwind an die Wasserkühler und weiter zu den Vorderachsbremsen. Auf diese Weise reduzieren die Aerodynamiker den Auftrieb und verbessern die Bremsleistung.

ZUM ERSTEN MAL MIT KERAMIKBREMSE

Für das Facelift-Modell lässt Porsche von Michelin und Pirelli spezielle Reifen anfertigen. Vorn fährt der neue 911 GT3 die Größe 235/40 auf Felgen in 8 x 18 Zoll (vorher 225/40), hinten 295/30 auf 11 x 18 Zoll (vorher 285/30 auf 10 x 18 Zoll). Das Magazin *sport auto* beschreibt den Pirelli P Zero Rosso bei hohem Tempo auf der Nordschleife ruhiger als den Reifen von Michelin. Die Bremsanlage dimensioniert Porsche ebenfalls größer als zuvor. Anstelle der Vierkolben-Sättel mit 330er-Scheiben des Vorgänger-Modells kommen an der Vorderachse nun Sechskolben-Sättel mit 350er-Scheiben zum Einsatz. Hinten bleibt es bei den Maßen 330 x 28 Millimeter und Vierkolben-Festsätteln.

Optional baut Porsche erstmals eine Keramik-Bremse in den neuen 911 GT3. Die Anlage mit dem Verkaufsnamen PCCB (Porsche Ceramic Composite Brake) reduziert mit ihrer Hitzebeständigkeit das Bremsenfading. Zudem wiegen die Bremsscheiben 18 Kilogramm weniger als Stahlscheiben. *sport auto* attestiert ihr „sehr hohe und vor allem von Beginn an sehr konstante Reibwerte."

MEHR LEISTUNG AUS DEM WASSER-MEZGER

Um den Motor kümmert sich erneut Hans-Georg Breuer. Er überarbeitet Ansaug- und Abgasanlage, erleichtert die Kolben, setzt neue Tassenstößel ein und installiert das stufenlose Verstellsystem VarioCam Plus. Statt bisher 7.800 dreht der 3,6-Liter-Boxermotor jetzt maximal 8.200 U/min. Die Leistung steigt von 360 auf 381 PS.

Zusätzliche Verbesserungen betreffen das Getriebe. Die Gänge Fünf und Sechs sind nun etwas kürzer, um den Durchzug bei hohem Tempo zu verbessern. Zudem verfügt das neue Getriebe über eine integrierte Ölpumpe und einen außen angebrachten Wärmetauscher, um hohen Belastungen besser standzuhalten. Zulieferer Getrag liefert für saubere Gangwechsel stabile Synchronringe aus Stahl.

Die Mühen lohnen sich. Mit Blick auf den Heckmotor urteilt Richard Hammond, Moderator der britischen Auto-Sendung *Top Gear*: „Der GT3 beweist, das Evolution funktioniert." Sein Kollege und stetiger 911-Kritiker Jeremy Clarkson bezeichnet den 911 GT3 sogar als das beste Auto, das er im Jahr 2003 gefahren ist. Die Redakteure von *sport auto* umrunden den Nürburgring mit der Neuauflage neun Sekunden schneller als vier Jahre zuvor im ersten 911 GT3. Die Tester stoppen eine Zeit von 7:54 Minuten.

Der britische Journalist Chris Harris stellt fest, dass sich der überarbeitete 911 GT3 ganz anders anfühle als der Vorgänger und sein Motor spürbar stärker sei. Vom besseren 911 GT3 entstehen in drei Modelljahren insgesamt 2.589 Exemplare.

Inspiriert vom Original: Der Schriftzug auf der Flanke des 911 GT3 RS ehrt das Urmodell von 1972.

PORSCHE 911 GT3 RS

Für Porsche ist nach zwei 911 GT3-Modellen das Thema Homologation für den Motorsport eigentlich erledigt. Aber eine Bitte aus der Rennabteilung verändert diesen Status Quo. Roland Kussmaul, damals Entwicklungschef für Renn- und Sonderfahrzeuge, wendet sich an Andreas Preuninger, Leiter der GT-Fahrzeuge. Seine 911 GT3 RS-Rennwagen würden ihre Vorderreifen zu schnell verschleißen, klagt er. Er benötige eine andere, bessere Fahrwerksgeometrie.

RS KEHRT ZURÜCK

Bei den Rennwagen mit wesentlicher Tieferlegung beeinflusse die aktuelle Geometrie den dynamischen Radsturz derart ungünstig, dass die Autos ihre Vorderräder unverhältnismäßig stark belasten und lange vor der Konkurrenz zum Radwechsel in die Box müssen.

Die Lösung sei eine neue Konstruktion mit einem modifizierten Anlenkpunkt der Querlenker am Radträger. Dabei handelt es sich allerdings um eine Modifikation, die nach FIA-Regeln homologationsrelevant ist. Das bedeutet, dass für Änderungen im Motorsport 200 Serienautos mit den gleichen Bauteilen auf die Straße müssen. Kussmaul schlägt vor, einfach 200 Porsche 911 GT3 mit modifizierten Achsen an Kunden auszuliefern. Laut Reglement würde das genügen.

EIN AUTO FÜR EINEN RADTRÄGER

Preuninger erkennt die Chance, um diese Modifikation herum ein ganz neues Auto zu gestalten. Denn er sieht für seinen

2003 startet der Porsche 911 GT3 RS – er ist gleichzeitig das erste RS-Modell mit Wasserkühlung im Portfolio der Zuffenhausener.

Der Vertrieb lässt sich zunächst nicht vom 911 GT3 RS begeistern. Er findet das Auto obszön und befürchtet einen Absatz von weltweit knapp 200 Exemplaren. Die Geschichte zeigt: Diese Sorgen sind unbegründet.

GT3RS
Porsche Museum

Homologationsfahrzeug für eine bessere Achskonstruktion: Der 911 GT3 RS entsteht, weil die Wettbewerbsausführungen aufgrund der serienmäßigen Achsgeometrie mit einem übermäßigen Reifenverschleiß zu kämpfen haben – ein rennentscheidender Nachteil.

911 GT3 noch Möglichkeiten zur Verbesserung. Wie das neue Modell heißen könnte, weiß er auch schon, denn das RS-Kürzel der luftgekühlten Sport-Porsche fehlt ihm bisher beim 996.

Die erste Hürde: Der Name Porsche 911 GT3 RS ist in der aktuellen Porsche-Nomenklatur dem Rennauto vorbehalten. Er wendet sich deshalb an Hartmut Kristen und Johannes Trost, beide verantwortlich für den Motorsport. Er bittet sie, ihre Rennautos Porsche 911 GT3 RSR zu nennen, damit das RS für sein Auto frei würde. Der Plan geht auf, die Motorsportler geben die schnellen Lettern für ein Serienauto frei.

Preuninger berät sich mit einigen Vertrauten, unter ihnen Roland Kussmaul, um das Auto zu planen. Es soll nicht nur um die Radträger gehen. Die Männer verbessern den 911 GT3 in vielen Bereichen, die für den Motorsport relevant sind. Vor allem gestalten sie aber eine Hommage an die vielen, ehrwürdigen 911 Carrera RS der vergangenen Baureihen.

Bei der Entwicklung von Porsches erstem straßenzugelassenen 911 GT3 RS bleibt der Motorsport im Blick. In erster Linie ist das Auto ein Homologationsfahrzeug, das besser als bisher Rennen fahren soll. Die Mittel sind jene, die bereits den RS-Vorgängern Erfolge verschaffen: Weniger Gewicht und Komplexität, eine ausgeklügelte Aerodynamik und ein stärkerer Motor.

DESIGN OHNE DESIGNER

Inspiriert vom klassischen Look des 911 Carrera RS 2.7 in weiß mit Schriftzügen an den Seiten baut Andreas Preuninger einen Design-Prototyp des neuen 911 GT3 RS auf. Ohne das Wissen seiner Vorgesetzten besorgt er sich einen weißen Porsche 911 und gestaltet ihn nach seinen Vorstellungen. Dazu gehören Felgen mit polierten Hörnern, ein neu gestalteter Heckflügel nach Vorbild des aktuellen Cup-Fahrzeugs und die intern „Donauwellen" genannten Aufkleber für die Fahrzeugflanken.

Die gestaltet Preuninger ebenfalls selbst. Ein traditioneller Carrera-Schriftzug, analog zu den Vorgängern, steht nicht zur Debatte, weil das Auto in der neuen Porsche-Nomenklatur kein Carrera ist. Diesen Namen tragen nur noch die Basis-Fahrzeuge. Preuninger lädt eines Nachts alle nötigen Informationen in ein Grafikprogramm. Dort staucht und zerrt er den Schriftzug „GT3 RS" so lange zurecht, bis das Ergebnis zu den Proportionen des Autos passt. Dann ergänzt er einen Streifen und lässt das Logo für sein Konzeptfahrzeug drucken.

Porsche lackiert den 911 GT3 RS stets in Carraraweiß.

Im Innenraum kommt Alcantara zum Einsatz.

Auffällig großer Flügel: Heckspoiler mit Sichtkarbon.

Als er fertig ist, beichtet Preuninger seinem Vorgesetzten und Motorsportchef Hartmut Kristen, was er heimlich getan habe: „Du, ich hab da ein Auto aufgebaut. Kannst Du mal gucken?" Kristen bittet darum, dass Preuninger ihm und dem damaligen Porsche-Chefdesigner Harm Lagaaij das Auto vorstellt. Preuninger wird wegen der plötzlich involvierten Entscheidungsebene mulmig. Aber er lädt die beiden ein, bereitet sein Auto vor und deckt es mit einem Tuch ab. Beim Treffen leitet Preuninger seine Präsentation damit ein, dass der Motorsport neue Radträger benötige. Er sei der Meinung, dass das ein Sondermodell rechtfertige. Mit dem Satz „Ich finde, dass es so aussehen sollte" zieht er das Tuch vom Auto. Kristen und Lagaaij stehen regungslos vor dem Prototyp. Lagaaij verzieht den Mund. Preuninger befürchtet das Schlimmste.

SCHNELLE GENEHMIGUNGSRUNDE FÜR DEN GT3 RS

Als Lagaaij endlich Worte findet, ist er begeistert. Er fühle sich geehrt, sagt er. Denn er habe damals den Carrera-Schriftzug für den Ur-RS mitentworfen. Ihm gefalle die neue Interpretation des Logos, außerdem das Auto insgesamt, das müsse man bauen. Preuninger möge sein Auto dem Vorstand präsentieren.

Als es zum Termin kommt, hat Preuninger Pech mit dem Wetter. Denn er zeigt dem Vorstand sein Auto an einem regnerischen Tag im Freien. Das Tuch klebt nass am Blech und alle Gäste sind ob des miesen Wetters schlecht gelaunt. Porsche-Chef Wendelin Wiedeking fragt Preuninger nach seiner Präsentation, ob Porsche mit dem Auto Geld verdienen werde. Preuninger bejaht. Sein Business-Case mit 200 geplanten Fahrzeugen erfüllt die Minimalbedingungen. Das genügt für ein Ja aus der Chefetage. Aus der Idee 911 GT3 RS wird ein offizielles Projekt.

HANDLICH, LEICHT UND SCHNELL

Ziel dieses Projekts ist es, nicht nur neue Teile zu homologieren, sondern ein spürbar besseres Fahrverhalten zu erzielen als beim 911 GT3. Dreh- und Angelpunkt sind die neuen Radträger. Drumherum verändert sich fast alles. Die Karosserie liegt tiefer, Federn und Dämpfer werden straffer, die Querlenker sind rundum geteilt ausgeführt und das Fahrwerk ist vielfältig einstellbar – ideale Voraussetzungen für den Motorsport. Und für Fehlerquellen. Fahrwerkskomponenten, die nicht präzise nach Herstellervorgaben eingestellt sind, wirken sich sehr schnell negativ auf die Fahrbarkeit des GT3 RS aus, weiß Preuninger.

Bei der Bremse greift das stärkste 911 GT3-Derivat auf die Teile des 911 GT3 zurück. Außerdem verbessern die Ingenieure die Belüftung der Vorderbremse. Und sie adaptieren, ebenfalls wie beim 911 GT3, die optionale Keramikbremse. Sie wiegt 18 Kilogramm weniger als das Serienteil aus Stahl und ist resistent gegen Fading. Für optimale Leistung bedarf es im Vergleich zur Serienbremse aber höherer Temperaturen.

In RS-Tradition soll das Auto außerdem weniger wiegen. Auch, weil der 996 mit seiner serienmäßigen Sicherheitsausstattung ohnehin schwerer ist als seine Vorgänger. Verglichen mit einem 911 GT3 mit Clubsport-Paket speckt der 911 GT3 RS etwa 50 Kilogramm ab.

Das schafft er mit Modifikationen an der Karosserie (14 Kilogramm), einem erleich-

Sein Bugteil unterscheidet den 911 GT3 RS deutlich vom 911 GT3.

terten Einmassenschwungrad samt angepasster Kupplung (neun Kilogramm), einer Fronthaube aus Karbon (acht Kilogramm) und einer Heckscheibe aus Polykarbonat (zwei Kilogramm). Die Ingenieure sind sich während der Entwicklung nicht sicher, ob die leichte Scheibe den Unterdruck aushält, der im Innenraum bei Höchstgeschwindigkeit und offenen Fenstern entsteht. Roland Kussmaul probiert es aus und berichtet, dass sie sich „beängstigend" wölbt, aber dem Druck standhält.

Klimaanlage und Radio sind ab Werk nicht vorhanden, aber ohne Aufpreis verfügbar. Und der 911 GT3 RS erhält einen Heckflügel aus Kohlefaser (Gewichtsersparnis zwei Kilogramm), der sich optisch am Spoiler des Cup-Autos orientiert. Dieser Punkt freut Preuninger besonders. Den leichten Werkstoff zeigt der 911 GT3 RS nach außen nur am großen Spoiler, den Außenspiegeln oder bei geöffnetem Kofferraumdeckel, denn der trägt innen keine Farbe. Das Porsche-Wappen auf der Nase ist foliert.

EIN MOTOR FÜR DIE HOMOLOGATION

Wichtig für den Erfolg des Autos ist der Motor des 911 GT3 RS. Der gleicht laut Datenblatt und Pressemeldung dem des 911 GT3 – es handelt sich also noch um den Mezger-Motor mit 964- und GT1-Wurzeln. Die Augenhöhe mit dem 911 GT3 existiert aber nur in der Theorie. Aus Bequemlichkeit homologiert Porsche den RS-Motor nicht neu, sondern trägt die 911 GT3-Leistung (381 PS) in die Papiere ein. Tatsächlich streuen alle RS-Fahrzeuge spürbar nach oben. Ihre Motoren leisten ungefähr 400 PS.

Porsche realisiert zum ersten Mal in einem Serienauto die sogenannte Ram-Air-Technik. Bei hohem Tempo drückt der Fahrtwind derart stark in den Ansaugtrakt, dass ein Überdruck entsteht, ähnlich wie bei einem aufgeladenen Motor. Zur zusätzlichen Luft im Zylinder spritzt Porsche mehr Kraftstoff ein. Daraus ergibt sich eine energetischere Verbrennung – die Leistung steigt bei hohem Tempo.

Um die Luft derart in den Brennraum zu pressen, entwerfen die Aerodynamiker einen Staudrucksammler auf der Motorhaube. Ihr Ansatz: Ausprobieren – wie damals die Kollegen beim Spoiler des 911 Carrera RS 2.7. „Wir haben gebastelt, bis wir den richtigen Staudruck gemessen haben. Dann wussten wir, so muss es aussehen", erinnert sich Preuninger an die Arbeiten. Auf der anderen Seite des Motors entdrosseln durchflussoptimierte Katalysatoren die Abgasanlage. Das Einmassenschwungrad verbessert das Ansprechverhalten des Motors.

Den ersten 200 Exemplaren des 911 GT3 RS gibt Porsche noch eine Besonderheit mit auf den Weg: Ihre Zylinderköpfe verfügen über polierte Brennkammern. In der Serie bringt das keinen Vorteil. Aber Porsche darf diese Zylinderköpfe im Motorsport einsetzen. Diese Brennräume lassen sich besonders präzise auslitern. Im Rennauto erreicht Porsche in Kombination mit einem optimierten Zündzeitpunkt noch mehr Leistung.

Stärker als angegeben: Der Motor des 911 GT3 RS leistet nur auf dem Papier 381 PS. Tatsächlich sind es meist mehr als 400 PS.

Die Ansaughutze auf dem Heckdeckel entsteht in einem aufwändigen Versuch.

Alleinstellungsmerkmal: Die Felgen des 911 GT3 RS sind poliert und lackiert.

Die Schalensitze von Recaro tragen einen feuerfesten Bezug.

Tiefstapler: Die Fronthaube besteht aus Karbon, zeigt das aber nur nach innen.

WERKSANGABEN UNTERBOTEN

Bereits im Serienauto ergibt sich ein spürbares Plus an Performance. Der große Heckflügel generiert bei 200 km/h einen Abtrieb von 35 Kilogramm, verschlechtert aber den c_W-Wert minimal (911 GT3: 0,29; 911 GT3 RS: 0,30). Aber mit seinem optimierten Motor und der leichteren Karosserie sprintet er schneller auf Tempo 100 (4,4 Sekunden) sowie auf 200 km/h (14,0 Sekunden). Im Test von *sport auto* unterbietet er sogar seine Werksangaben. Die Tester messen 4,2 Sekunden für den Standardsprint und 13,5 Sekunden für die Beschleunigung auf Tempo 200. In beiden Disziplinen ist er deutlich schneller unterwegs als der 911 GT3 – und er hängt sogar den stärkeren 911 Turbo ab.

Neben Gewicht und Kraft sind auch die Reifen des 911 GT3 RS für seine Fahrleistungen verantwortlich, vor allem auf der Rennstrecke. Er ist serienmäßig mit Pirelli P Zero Corsa in 235/40ZR18 und 295/30ZR18 ausgerüstet. Dabei handelt es sich um Sportreifen (neudeutsch: Ultra-High-Performance-Reifen), die in ihren Eigenschaften einem echten Rennreifen sehr nahe kommen. Sie bieten enorme Vorteile bei trockener Straße, aber Einbußen bei Nässe. Porsche ist einer der ersten Hersteller, der solche Reifen für ein Serienfahrzeug anbietet.

INDIVIDUELLES AUSSEHEN

Optisch soll sich der 911 GT3 RS ebenfalls stark von allen anderen 911-Derivaten unterscheiden. Das gelingt Porsche einerseits, indem das Fahrzeug ausschließlich in Carraraweiß lackiert wird, ergänzt um die seitlichen Schriftzüge in Blau oder Rot. Der Karbon-Spoiler hilft ebenfalls, um eine Distanz zu den anderen Modellen zu schaffen.

Einen gewissen Anteil daran haben außerdem die Felgen. Wie schon beim Prototyp werden sie für das Serienauto aufwändig bearbeitet. Zunächst wird ihr Bett poliert und abgeklebt. Danach wird der Stern passend zu den „Donauwellen“ lackiert. Diesen Aufwand betreibt Porsche nur für bessere Optik.

Die Pirelli-Reifen des 911 GT3 RS bereiten Porsche zunächst Probleme. Auf der Nordschleife tragen sie aber zur phänomenalen Rundenzeit bei.

Für den Innenraum wünscht sich Preuninger eigentlich Wildleder an Lenkrad und Schaltknauf. Aber erste Tests offenbaren die Nachteile des Materials. Nach kurzer Zeit wirkt das Leder abgegriffen und ungepflegt. Er lässt sich von den Innenräumen seiner Lancia Delta Integrale inspirieren und entscheidet sich für pflegeleichtes und ausdauerndes Alcantara. Die Kunstfaser – übrigens so lange auf dem Markt wie RS-Modelle des Porsche 911 – ziert fortan Lenkrad, Schalthebel und die Zuziehhilfen an den Türen. Abgesehen von wenigen individuellen Teilen gleicht der Innenraum des 911 GT3 RS dem des 911 GT3 mit Clubsport-Paket: Drei-Punkt- und beigelegte Sechs-Punkt-Gurte sind in den jeweiligen Kontrastfarben ausgelegt. Eine Vorrüstung für einen Batterie-Hauptschalter ist an Bord. Der serienmäßige Überrollbügel erhöht die Sicherheit. Eine geschraubte Erweiterung, die den Bügel zum Käfig werden lässt, liegt für den Einsatz im Motorsport bei. Und Schalensitze mit schwer entflammbaren Bezugsstoffen entsprechen dem FIA-Reglement.

FORM FOLGT FUNKTION

Manches verläuft bei der Entwicklung des ersten 911 GT3 RS eher hemdsärmelig. An der einen oder anderen Stelle geht Funktion vor Design. Zum Beispiel bei der Abluft der Kühler, übernommen vom Cup-Auto: Um die warme Luft durch den Kotflügel zu leiten, sägt der Lieferant drei Ausschnitte in das Bauteil und klebt ein Gitter davor – fertig ist der Luftauslass. Bei späteren Modellen konstruiert Porsche für diesen Zweck thermodynamische Kunstwerke.

Ähnlich rudimentär verläuft die Zulassung des Heckspoilers. Porsche will seinen Kunden eine Einstellung für die Rennstrecke bieten. Die will der TÜV aber nicht für die Straße erlauben. Die Lösung: Zum Lieferumfang der Autos gehören rote Zusatzkeile. Um sie zu montieren, müssen Kunden ihre Spoiler lösen, die Keile einlegen und die Spoiler wieder festschrauben. Der Farbunterschied soll sicherstellen, dass sie nicht im Straßenverkehr eingesetzt werden.

Probleme hat Porsche mit den Reifen. Denn Pirelli liefert zwar traktionsstarke Gummis. Die unterliegen aber drastischen Qualitätsschwankungen. Bei Porsche kommen Reifen mit unterschiedlichen Abrollumfängen an. Zum Teil gehen sie zurück zum Hersteller, damit er sie auf die korrekte Größe schleift. Pirelli markiert die Reifen, damit Porsche später jeweils zueinander passende Pneus auf die Autos ziehen kann. Ohne diese Maßnahmen zeigt das Auto zum Teil kritisches Fahrverhalten. Es zieht beim Bremsen stark zu einer Seite.

DIE HÜRDE VERTRIEB

Geschichte wiederholt sich. Denn schon beim 911 Carrera RS 2.7 von 1972 befürchtet der Porsche-Vertrieb einen Misserfolg. Beim 911 GT3 RS von 2003 ist es ähnlich. Die Verkäufer halten das Auto für obszön und prophezeien weltweit nur minimales Interesse. Man könne nur 195 Fahrzeuge verkaufen, lauten die Schätzungen. Immerhin: Mit dieser Zahl funktioniert Preuningers Business Case. Als das Auto in Serie geht, wird es zum Erfolg.

Die Gestaltung des GT3 RS ist nicht das einzige Detail, das den Vertrieb ärgert. Zu spät fällt auf, dass Preuningers Schriftzüge an den Fahrzeugseiten in ihrer verzerrten Form überhaupt nicht den Vorgaben des Herstellers folgen. Bei dem Logo auf der Fronthaube handelt sich um einen Aufkleber aus der Porsche Selection. Den dürfte es an dieser Stelle gar nicht geben. Der Schriftzug „Stuttgart“ über dem springenden Pferd ist bei einigen Fahrzeugen schwarz, nicht gold. Porsche produziert also versehentlich Fahrzeuge mit falschem Logo.

KONKURRENZ AUS BAYERN

Noch bevor der 911 GT3 RS fertig und auf dem Markt ist, hat er Konkurrenz. Die kommt ausgerechnet von einem Mittelklasse-Coupé: BMW bringt zur Jahresmitte 2003, also kurz vor dem Marktstart des 911 GT3 RS im Herbst 2003, den M3 CSL auf die Straße. Dabei handelt es sich um eine Leichtbau-Version des M3, die mit besonders griffigen Michelin-Reifen (Pilot Sport Cup) ausgerüstet ist.

In den Autoquartett-Disziplinen (Beschleunigung, Höchstgeschwindigkeit) bewegt sich der BMW noch hinter dem 911 GT3. Aber auf der Rennstrecke fährt er beeindruckende Zeiten. Im Test von *sport auto* fährt der M3 CSL flinker um die Nordschleife als der 911 GT3. Preuningers Anspruch für den 911 GT3 RS lautet deshalb: Porsche muss das schnellere Auto bauen. Mit einem Schmunzeln erinnert er sich: „War er dann ja auch. Kein Problem!“ Das Fachmagazin *sport auto* umrundet die Nordschleife des Nürburgrings im 911 GT3 RS in 7:47 Minuten und nimmt dem BMW damit drei Sekunden ab. Walter Röhrl fährt mit dem 911 GT3 RS sogar in 7:43 Minuten durch die „Grüne Hölle“. Schneller ist zu diesem Zeitpunkt kein anderer 911 mit Straßenzulassung. Das Kräftegleichgewicht der sportlichsten Serienautos ist wiederhergestellt.

MEHR INTERESSE ALS WERKZEUGE

Zudem erweisen sich die Bedenken des Vertriebs als unbegründet. Porsche baut insgesamt 682 Exemplare des 911 GT3 RS, 140 davon mit Rechtslenkung. In die USA und nach Kanada schafft es auf offiziellem Weg kein Auto. Wie beim großen Vorbild von 1972 entsteht also mehr als das Dreifache der ursprünglich geplanten Menge. Ein Beweis für alle Zweifler, dass ein großes Interesse an extremen Straßensportlern besteht. Der limitierende Faktor ist beim schnellsten Porsche 996 nicht das Interesse der Kunden, sondern die Auslegung der Werkzeuge bei den Lieferanten, die die individuellen Teile für den 911 GT3 RS bauen. Sie sollen eigentlich nur Bauteile für 200 Fahrzeuge herstellen. Für eine deutlich größere Serie sind sie nicht konzipiert. Porsche gehen die Teile für das Auto aus, bevor die Kaufkraft der Kundschaft endet. Ein gutes Omen für die Nachfolger.

DER 911 GT3 ALS RALLYE-AUTO

Bereits 2001 probiert Porsche den 911 GT3 im Rallye-Sport aus. Walter Röhrl und Christian Geistdörfer nehmen mit dem ersten produzierten Serienfahrzeug des 911 GT3 (Kennzeichen: S-GT 408) an der Deutschland Rallye teil. Die einzigen Modifikationen des gelben Straßenfahrzeugs: Neu abgestimmte Federn und Dämpfer sowie eine modifizierte Nabe, die das Lenkrad tiefer in den Innenraum versetzt.

Das legendäre Duo und ihr GT3 sind nicht Teil der Wertung, sondern Vorausfahrer. Trotzdem fährt Röhrl dynamisch. Nach einem Sprung setzt der 911 GT3 ungünstig auf, ein Stutzen bricht vom Öltank ab. Der Ausfall droht. Roland Kussmaul lässt das Auto zum nächsten Bauern schleppen und dort den Stutzen wieder anschweißen. Wenig später ist das Team zurück auf der Strecke und beendet die Etappe.

Der ADAC nutzt als Organisator des Laufs Röhrls Bekanntheit, um Begeisterung für den Rallye-Sport zu schüren. Mit Erfolg: Ab 2002 ist Deutschland WM-Veranstalter. Porsche entwickelt später unter Leitung von Hartmut Kristen ein Rallye-Auto auf Basis des 911 GT3 RS. Es ist mit Kevlar-Karosserieteilen, erhöhter Bodenfreiheit, erhöhter Abregeldrehzahl und einer robusten Bitumen-Schicht am Unterboden für den professionellen Rallye-Einsatz vorbereitet.

Das Auto heißt 911 GT3 RS Road Challenge. Es entsteht auf Initiative des Belgiers Gérard Magniette, Besitzer des Future World-Rennteams. Er möchte das Sportgerät als Rundum-Sorglos-Paket an wohlhabende Rallye-Fans verkaufen. Das Projekt scheitert, bevor es beginnt. Finanzielle Fehlplanungen und mäßiges Interesse veranlassen Magniette zum Rückzug. Übrig bleiben zehn umgebaute Exemplare. Sie finden ihre Kunden – und werden zur Wertanlage. Der Rallye-911 ist seltener als die Modelle 911 R oder 911 SC RS.

Erfolgloser Ausflug in den Rallye-Sport: Das Experiment 911 GT3 RS Road Challenge scheitert, weil sich Initiator Gérard Maginette verkalkuliert. Die Käufer bleiben aus, es entstehen nur zehn Autos.

Ein Einzelstück für den Porsche Club of America: Porsche kreiert auf Sonderwunsch einen 996 nach Sport-Classic-Prinzip mit GT3-Motor. Auslieferung: Frühjahr 2022.

Classic Club Coupe

Das Classic Club Coupe bekommt Felgen im klassischen Fuchs-Design.

PORSCHE 911 CLASSIC CLUB COUPE

Einige interessante Derivate des Porsche 911 schaffen es nicht auf den US-Markt. Dennoch existiert dort der älteste und größte Markenclub, der Porsche Club of America (PCA). Er wurde 1955 gegründet und verzeichnet am 1. Januar 2022 insgesamt 144.560 Mitglieder. Porsche pflegt einen engen Kontakt zum Club, der im Jahr 2022 sogar ein individuelles Fahrzeug hervorbringt.

EINZELSTÜCK MIT ENTENBÜRZEL

Inspiriert vom 911 Sport Classic (997) entwickeln Vertreter des PCA und Alexander Fabig, Leiter Individualisierung und Classic bei Porsche, eine Idee: Sie skizzieren einen einzigartigen 911 der Baureihe 996. Er soll die optischen Merkmale des modernen Vorbilds aufweisen und über den Antrieb des 911 GT3 von 2003 verfügen. Als Basis dient ein 911 Carrera, Baujahr 1998, der für Restaurierung und Umbau aus dem US-Bundesstaat Virginia nach Stuttgart reist. Dort demontiert Porsche Classic das Fahrzeug, arbeitet die Karosserie auf, verstärkt das Chassis und formt neue Bauteile. Mit einem Doppelkuppeldach, dem Heckspoiler im Stil des 911 Carrera RS 2.7 von 1972, Fuchs-Felgen in 18 Zoll und eigens entworfenen Materialien im Innenraum wird das Fahrzeug zum Unikat. Porsche testet die neuen Formen an einem Versuchsträger auf Teststrecken in Weissach, Nardo und Idiada. Nach diesen Fahrten zerlegt der Hersteller den Prototyp, damit nur ein Fahrzeug dieser Art existiert. Das Porsche 911 Classic Club Coupe trägt Lack in Sportgraumetallic und diverse Akzente in Clubblau, dem Farbton des PCA. Innen spannt Alcantara an Himmel und Säulen. Sitze und Türtafeln tragen Bezüge aus schwarzen und schiefergrauen Lederstreifen, die im Pepita-Muster miteinander verwebt sind. Tom Gorsuch, Präsident des PCA, lobt das Ergebnis und die Zusammenarbeit: „Wir wollten gemeinsam etwas Einzigartiges schaffen, das für Enthusiasmus sorgt. Dass das fertige Porsche 911 Classic Club Coupe wie aus einem Guss wirkt, ist das eigentlich Unglaubliche an diesem herausfordernden Projekt."

Einzigartig: Ein Doppelkuppeldach und Lack in Sportgraumetallic.

Die Felgen messen 18 Zoll im Durchmesser.

Materialmix: Alcantara und Leder, dazu das klassische Pepita-Muster.

Den Bürzel greift Porsche eigentlich erst beim 997 wieder auf. Dieses Einzelstück entsteht für den PCA.

997

DER TYP 997 BRINGT DIE KLASSISCHEN 911-FORMEN ZURÜCK IN DIE BAUREIHE. ABGESEHEN VOM DACH UNTERSCHEIDET SICH JEDES SICHTBARE KAROSSERIETEIL DES 997 VON DENEN DES 996.

GT3RS
PORSCHE
MUSEUM

Basis für erfolgreichen Motorsport: Porsche bietet mit dem 911 GT3 RSR das perfekte Sportgerät für Langstreckenrennen an.

Ein Ziel während der Entwicklung lautet: Der neue 911 soll sich optisch auf seine Tradition besinnen. Außerdem möchte Porsche einen deutlichen Abstand zum günstigeren Boxster herstellen. Diese Abgrenzung gelingt. Zwar ähneln sich die Autos in ihren Strukturen weiterhin. Aber man sieht es ihnen nicht mehr an. Der sichtbare Vorsprung tut der Wahrnehmung des 911 gut.

Augenscheinlich entwickelt sich der Sportwagen technisch kaum weiter. Der neue 911 basiert auf der alten Plattform. Er bietet nahezu gleichbleibende Platzverhältnisse und eine sehr ähnliche Ergonomie. Zudem verändert Porsche den noch jungen Antriebsstrang kaum: Sanft modernisierte Wasserboxer in 911 Carrera und 911 Carrera S sind nur wenig stärker als die des vorigen Modelljahrs. Tatsächlich schaffen es aber viele Neuerungen in den 911, darunter adaptive Stoßdämpfer, ein Endschalldämpfer mit Klappenregelung und ein Sport-Modus.

Bei der sportlichen Spitze bemüht sich Porsche um weiteren Vorsprung: Der 911 GT3 RS unterscheidet sich stärker als bisher von den Basismodellen. Und zum ersten Mal baut die GT-Abteilung einen 911 GT2 zum RS um.

Optisch entwickelt sich der 911 zum Modellwechsel deutlich weiter.

2005

Erstmals breit: Der neue 911 GT3 RS nutzt die gleiche Karosserie wie die Allradmodelle des 911. Sie ist so breit wie jene der Turbo-Version, verzichtet aber auf die Lufteinlässe an den hinteren Radläufen.

PORSCHE 911 GT3 RS

Porsches GT-Chef Andreas Preuninger hat schon früh konkrete Vorstellungen davon, was das neue Spitzenmodell besser machen sollte als der Vorgänger. Der neue 911 GT3 RS, erneut oberhalb des 911 GT3 und außer Konkurrenz des 911 Turbo platziert, soll schöner klingen. Den Auspuffsound der Baureihe 996 vergleicht er mit dem von zwei Dreizylindern. Der Grund: Je eine Auspuffhälfte verarbeitet die Abgase einer Motorhälfte – also von jeweils drei Zylindern. Der charakteristische Sound der Fahrzeuge komme bisher aus dem Ansaugtrakt, erklärt Preuninger.

Das soll sich beim Nachfolger ändern. Für den GT3 vom Typ 997 schwebt ihm eine Auspuffanlage vor, die die Abgase beider Zylinderbänke kombiniert. Ungefähr so, wie Porsche es bereits in luftgekühlten 911 umgesetzt hat. Während Journalisten zum ersten Mal das Facelift der 911-Generation 996 rund um Venedig testen, berät er sich mit Motorenentwickler Hans-Georg Breuer und Motorsport-Chef Hartmut Kristen zum Thema Abgasanlage des 997.

Auf Servietten zeichnen sie Skizzen für Verbesserungen. Kristen und Breuer befürchten in Anbetracht ihrer Ideen Millionenkosten wegen neuer Werkzeuge. Dennoch entsteht auf Basis dieser Überlegungen die Abgasanlage des Nachfolgers. Sie wird zunächst im Cup-Fahrzeug eingesetzt, später in den Serienautos 911 GT3 und 911 GT3 RS.

Die komplizierte Abgasanlage besteht aus zwei Fächerkrümmern, zwei Vorschalldämpfern, Katalysatoren und einem großen, gemeinsamen Hauptschalldämpfer. Die Endrohre sind mittig in der Heckschürze angeordnet. Dieses Merkmal übernehmen danach alle zukünftigen 911 GT3 und 911 GT3 RS. Neben dem neuen Layout verfügt die Abgasanlage über eine Klappensteuerung, die die Abgase an den Vorschalldämpfern vorbei direkt zum Endschalldämpfer leitet – eine Neuerung im 911. Mit offener Klappe verringert sich der Abgasgegendruck merklich. Deshalb steigt das Drehmoment zwischen 2.000 und 4.000 U/min um 30 bis 35

Zum ersten Mal mit Farbe: Nach dem stets carraraweißen Vorgänger lackiert Porsche den neuen 911 GT3 RS in Silber, Schwarz, Orange und Grün. Felgen und Schriftzüge tragen Kontrastfarbe.

GT3 RS
Porsche Museum

Im Typ 997 kommt eine neue Auspuffanlage zum Einsatz. Sie sammelt die Abgase beider Zylinderbänke in einem Endschalldämpfer und sorgt deshalb für einen neuen Klang. Sie verfügt über eine Klappensteuerung, die an die Sport-Taste im Innenraum gekoppelt ist.

Newtonmeter. In diesem Modus wird es auf der Autobahn auf Dauer unangenehm laut, weil das Auto unter bestimmten Umständen dröhnt. Die Kunden können so während der Fahrt zwischen Kraft und Komfort wählen. Porsche koppelt die Abgasgklappe deshalb an die Sport-Taste, ebenfalls eine Neuerung der Generation 997.

Die Sport-Taste steuert neben Kraftentfaltung und Sound auch die Gaspedal-Kennlinie und die erstmals verstellbaren Dämpfer. Mit dem Modellwechsel führt Porsche das Porsche Active Traction Management (PASM) ein. Im normalen Modus entspricht die Abstimmung ungefähr der des Vorgängers. Auf Sport arbeiten die Dämpfer des 911 GT3 RS härter.

DIE FARBEN DES GT3 RS

Eine weitere, wichtige Änderung im GT3 RS kommt auf Kundenwunsch. Als Porsche mit dem 996 erstmalig einen wassergekühlten RS auf die Straße bringt, ist die Farbauswahl begrenzt. Möglich sind in Gedenken an den 911 Carrera 2.7 von 1972 lediglich rote oder blaue Akzente auf der weißen Karosserie. Andere Lacke gibt es nicht für Geld und gute Worte. Das gefällt nicht jedem Kunden. Im 997 fächert der Hersteller die Palette deshalb weiter auf. Insgesamt vier Farben stehen zur Wahl. Zwei davon ohne Zusatzkosten, zwei gegen Aufpreis.

Die Inspiration für eine der Farben stammt aus den USA. In einer schlaflosen Nacht schaut Preuninger ein Nascar-Rennen im Fernsehen. Dabei beeindruckt ihn ein Auto

Der 911 GT3 RS wiegt 20 Kilogramm weniger als der 911 GT3. Was die Ingenieure viel Mühe kostet, macht sich auf der Rennstrecke in den Rundenzeiten und beim Handling aber kaum bemerkbar.

In der Baureihe 997 trägt der 911 GT3 RS erstmals seine Auspuff-Endrohre mittig in der Heckschürze. Porsche behält diese Optik fortan bei.

mit silberner Grundfarbe und orangen Akzenten. Am nächsten Tag lässt er sich per Virtual Reality diese Kombination auf dem 911 GT3 RS zeigen und leitet sofort die Umsetzung ein. Zu Silber-Orange wird darüber hinaus noch die Option Schwarz-Orange ergänzt.

Die optionalen Farben Grün und Orange, jeweils mit schwarzen Stickern, stehen zu diesem Zeitpunkt bereits fest. Auf beschreibende Namen verzichtet der Vertrieb – die Farben sprechen für sich. Auf Sonderwunsch ist außerdem weißer Lack mit schwarzen oder roten Akzenten verfügbar.

Die Felgen des 911 GT3 RS lackiert Porsche in Orange (bei den Außenfarben Arktissilbermetallic und Schwarz) oder in Schwarz (bei den Außenfarben Grün oder Orange). Damit wird der 911 GT3 RS zum Trendsetter. Schwarze Felgen auf einem Serienauto sind zu diesem Zeitpunkt noch ein Novum. Anstelle der Kontrastfarben sind die Felgen auch ohne Aufpreis in Silber verfügbar.

MIT BREITER KAROSSERIE

Dass es einen neuen 911 GT3 RS gibt, ist für die Generation 997 schon fast Formsache. Die Verkaufszahlen des Vorgängers bescheren Porsches GT-Abteilung eine ordentliche Portion Vertrauen bei der Geschäftsführung. Da sich der 911 GT3 des Typs 997 ebenfalls gut verkauft, fällt schnell die Entscheidung zu einer neuen RS-Version. Die soll sich deutlicher von den schwächeren Elfern abgrenzen als bisher – optisch wie technisch.

Das wichtigste Novum im neuen 911 GT3 RS: Fortan stellt die breitere Karosserie der Allrad-Modelle die Basis. Sie trägt am Fahrzeugheck 44 Millimeter auf. Der gewonnene Raum bietet Platz für eine breitere Spur an der Hinterachse (plus 34 Millimeter), umgesetzt mit niedrigerer Einpresstiefe der Felgen (je minus 17 Millimeter). So minimieren die Entwickler die Wankneigung des Autos und ermöglichen eine höhere Querbeschleunigung. Der Abstand zum GT3 wird größer.

Ein weiterer Vorteil der neuen Karosserie: Sie erlaubt einen breiteren Spoiler. Wie groß der sein darf, bemessen die Prüforganisationen anhand der Karosseriemaße. Mit mehr Angriffsfläche für den Fahrtwind generiert er zusätzlichen Anpressdruck. Gleichzeitig erreicht der 911 GT3 RS den c_W-Wert des Vorgängers (0,30).

WENIGER KARBON IM 911 GT3 RS

Die Mitarbeiter der Produktion wünschen sich für das neue Modell außerdem eine weniger exklusive Fronthaube. Das Karbonteil des Vorgängers passt nicht besonders gut und bedeutet zusätzlichen Aufwand bei der Montage. Dem Projektbudget kommt diese Bitte ebenfalls entgegen. Die Entwickler stimmen daher zu – der 997 GT3 RS wird eines von insgesamt zwei Modellen ohne Karbon-Haube.

Dennoch wiegt das Spitzenmodell 20 Kilogramm weniger als der 911 GT3. Karbon-

Flügel, Heckfenster aus Polykarbonat, Motorhaube aus Kunststoff (samt Luftsammler für die Ram-Air-Anlage) und Schalensitze aus Karbon, übernommen aus dem Supersportwagen Porsche Carrera GT, senken das Gewicht. Zudem baut Porsche wieder ein Einmassenschwungrad ein. Klimaanlage und Radio gibt es nur auf Wunsch, dann aber ohne Aufpreis.

Zum ersten Mal baut Porsche eigenständige Schürzen für die 911 GT3-Modelle. Sie heben sich deutlich von denen des 911 Carrera ab und verbessern die Luftführung. Optisch gleichen sich GT3 und GT3 RS, aber nur scheinbar. Da das Spitzenmodell mit einem breiteren Heck und einem minimal längeren vorderen Überhang daherkommt, unterscheiden sich die Bauteile doch.

TECHNISCH NAH AM 911 GT3

Mittlerweile setzt Porsche bereits im 911 GT3 die überarbeiteten Radträger an der Vorderachse ein. Unterschiede im Fahrwerk gibt es dennoch. Der 911 GT3 RS bekommt modifizierte Radträger und geteilte Querlenker an der Hinterachse. Hinzu kommen die verbreiterte Spur hinten und eine angepasste Achseinstellung vorn – der 911 GT3 RS fährt laut Werksvorgaben mit zehn Winkelminuten mehr Sturz. Die mechanischen Veränderungen erlauben mehr Spielraum in der Motorsport-Variante 911 RSR.

Mehr Nähe zum 911 GT3 gibt es im Antrieb. Eine Hochdrehzahl-Variante des neuen 911-Motors gibt es zu diesem Zeitpunkt noch nicht. Der Antrieb stammt deshalb in Grundzügen noch aus dem 911 GT3 RS vom Typ 996. Er erfährt für seinen Einsatz im neuen 911 GT3 aber eine umfangreiche Überarbeitung. Eine neue, variable Ansauganlage steigert die Leistung. Sie passt die Länge der Luftführung drehzahlabhängig an und optimiert damit die Verbrennung.

Zudem bekommt der 3,6-Liter-Mezger-Motor überarbeitete Zylinderköpfe sowie eine höhere Verdichtung. Und er dreht in seiner neuen Ausbaustufe bis zu 8.400 Touren, 200 Umdrehungen mehr als zuvor. Mit einer angepassten Abgasanlage steigt die Leistung auf 415 PS. In der Realität sind es meist mehr als vom Datenblatt angegeben. Dazu kommt das leichtere Einmassenschwungrad, es ist die Besonderheit des RS. *sport auto* findet: „Hinsichtlich der Spontanität und der Drehfreude hat der Motor dadurch zumindest subjektiv spürbar zugelegt."

IM TEST KAUM SCHNELLER

Insgesamt entspricht der 911 GT3 RS technisch also weitgehend dem 911 GT3. Das breite Heck, mehr Drehfreude des Motors, 20 Kilogramm Gewichtsvorteil und Modifikationen an der Hinterachse können nur wenig Vorsprung herausfahren, wenn überhaupt. Horst von Saurma umrundet für *sport auto* die Nordschleife des Nürburgrings mit beiden Autos in 7:48 Minuten. Bei den Unterschieden handele es sich um „Feinjustierungen", lautet daher das Urteil.

Das Ergebnis bedeutet aber kein schlechtes Urteil für den 911 GT3 RS, sondern ist Qualitätsbeweis für seine Basis, den 911

Typisch 911 GT3 RS: Keine Rückbank, aber dafür ein Überrollbügel mit Verstärkungsstreben.

Optisch unterscheidet sich der 911 GT3 RS deutlich vom 911 GT3. Technisch setzt er sich kaum ab.

Karbon ist im 911 GT3 RS stets ein wichtiges Designelement.

RS-Askese bedeutet längst keinen Verzicht mehr: Anders als der Ur-RS verfügt der Typ 997 über fünf Rundinstrumente.

GT3. „Schon er verbuchte die höchste je im Supertest vergebene Punktzahl (77) für sich“, fasst von Saurma zusammen. Die RS-Version zieht gleich. 911 GT3 und 911 GT3 RS führen damit die Bestenliste des Fachmagazins an und platzieren sich vor Supersportwagen wie Lamborghini Murciélago LP 640 oder Pagani Zonda F.

Dass der 911 GT3 RS letztlich doch das schnellere Auto ist, beweist Walter Röhrl: Er umrundet die Nordschleife im sportlichen Spitzenmodell in 7:45 Minuten, zwei Sekunden schneller als im 911 GT3. Kleiner Schönheitsfehler: Im Vorgänger war Röhrl noch schneller.

FAHRASSISTENZ IM GT3 RS

Zum ersten Mal in einem RS-Modell von Porsche ist der Fahrer nicht mehr nur auf sich gestellt. Die GT3-Fahrzeuge bekommen beim Typ 997 eine Traktionskontrolle. Die Entwickler adaptieren sie aus dem Supersportwagen Porsche Carrera GT. Ein Affront für Puristen, aber eine echte Hilfe für alle anderen. Das neue System soll vor allem auf nasser Fahrbahn für Stabilität sorgen. Porsche rüstet den 911 GT3 RS schließlich erneut mit Sportreifen (Michelin Pilot Cup Sport) aus, die verglichen mit regulären Pneus einen Nachteil auf Nässe mitbringen. Der elektronische Assistent kann dies teilweise ausgleichen und so Schlimmeres verhindern.

Im Typ 997 bietet Porsche erstmals das sportliche Verstellfahrwerk PASM (Porsche Active Suspension Management) mit 30 Millimeter Tieferlegung an. Der 911 GT3 RS erhält es serienmäßig. Die Abstimmung ist an die Fahrmodi des Fahrzeugs gekoppelt.

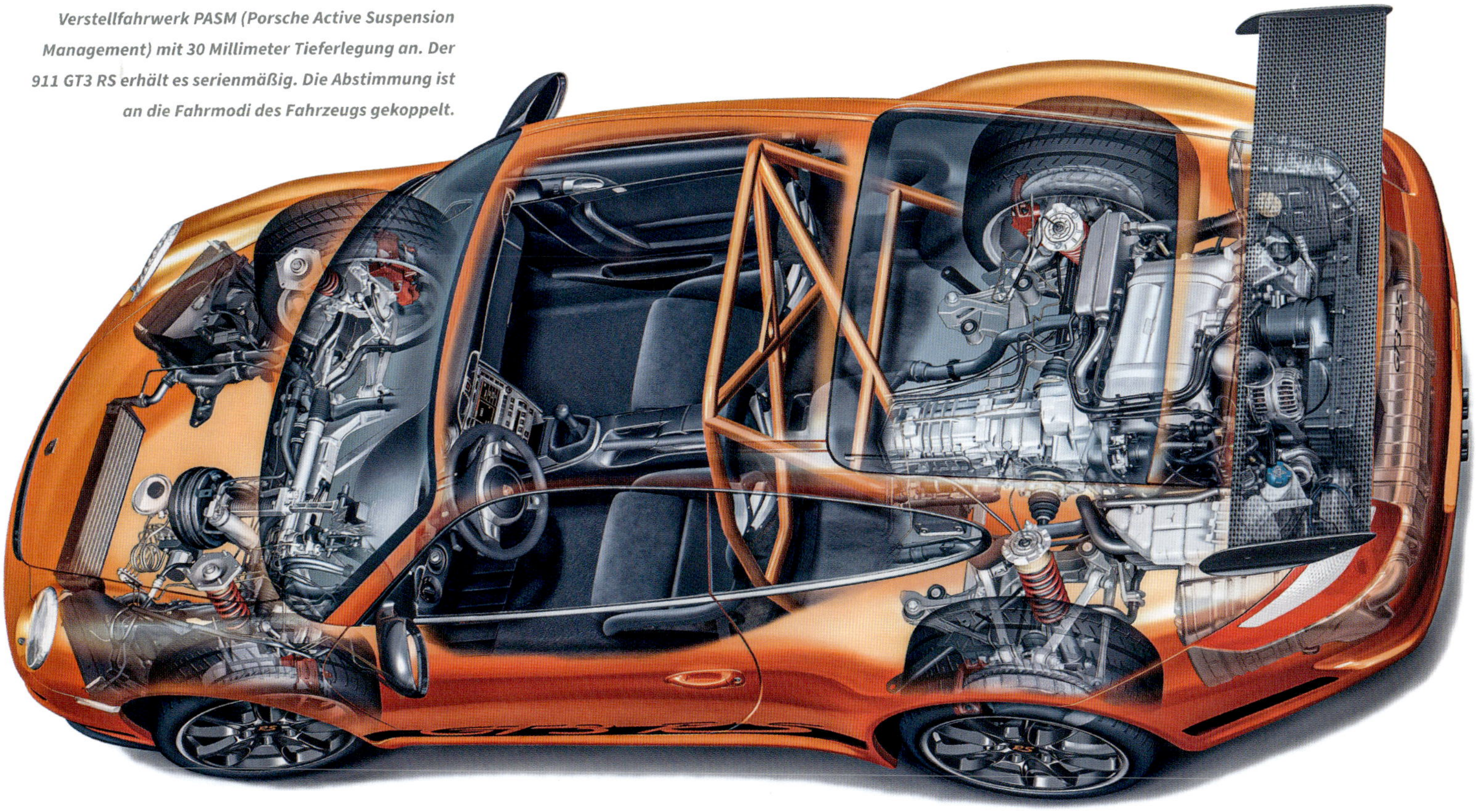

Neuer 911 GT3 RS, neues Design: Die Flaggen entwirft Cayenne-Zeichner Stephen Murkett.

PORSCHE 911 GT3 RS

Nach der auffälligen Differenzierung zwischen 911 GT3 und 911 GT3 RS will Porsche die Modelle zum Facelift auch technisch stärker voneinander abgrenzen. Zu dieser Entscheidung trägt bei, dass das abzulösende Spitzenmodell auf der Nordschleife keine Bestzeiten einfährt – nicht einmal intern.

STÄRKER ALS DER 911 GT3

Zur Modellpflege überarbeitet das Team um Andreas Preuninger den GT3 RS also gründlich. Er setzt sich ab 2009 deutlich vom GT3 ab. Viele Maßnahmen machen das Auto schneller. Einige sind auf den ersten Blick sichtbar, zum Beispiel die Radlaufverbreiterungen vorn und die breiteren Reifen. Andere verstecken sich im Motorraum, in der Fahrwerksabstimmung, den Einstellmöglichkeiten und der Luftführung am Unterboden. Das Ergebnis lässt Horst von Saurma in *sport auto* von einem „neuen Kapitel in der Fahrdynamik" sprechen. Porsche selbst nennt das Auto in der Pressemappe zur IAA 2009 schlicht „die letzte Stufe eines 911 für die Straße vor einem reinen Rennwagen für die Rundstrecke." Und beweist diese Einordnung wenig später in einem unvergleichlichen PR-Stunt: Das Serienauto tritt bei einem

Der 3,8-Liter-Boxer des 911 GT3 RS leistet 450 PS. Damit ist er zum ersten Mal offiziell stärker als der Motor des 911 GT3.

der traditionsreichsten Langstreckenrennen an (s. Seite 156).

UPGRADE AUF 3,8 LITER HUBRAUM

Insgesamt verändert sich der 911 GT3 RS zum Teil stärker, als es eine Modellpflege vermuten lässt. Vor allem bekommt er einen überarbeiteten Motor. Der leistet nun 450 PS aus 3,8 Litern Hubraum. Den Vorsprung vor dem alten 3,6-Liter-Triebwerk erreichen die Ingenieure mit größerer Bohrung (102,7 Millimeter) bei gleichbleibendem Hub (76,4 Millimeter).

Der größere Motor kommt bereits im neuen 911 GT3 zum Einsatz. Dort leistet er aber 15 PS weniger als im Spitzenmodell. Damit unterscheidet sich der GT3 RS erstmals bereits im Datenblatt von seiner Basis. Optimierungen im Ansaugtrakt und eine verbesserte Abgasanlage bescheren das Leistungsplus.

Hinzu kommt ein zusätzlich erleichtertes Einmassenschwungrad. Verglichen mit dem Teil im Vorgänger verliert es weitere 1,4 Kilogramm. Außerdem ist das manuelle Sechsgang-Getriebe für besseren Durchzug enger gestuft. Die Gänge 1 bis 5 sind elf Prozent kürzer übersetzt, der sechste Gang um fünf Prozent. Das automatische Doppelkupplungsgetriebe der Carrera-Modelle ist für die RS-Modelle (und ihre Fans) im Typ 997 noch nicht bereit – es passt wegen der unterschiedlichen Flanschlage nicht an den Mezger-Motor.

Neben dem Hubraum kommen dem Antrieb weitere, signifikante Änderungen in beiden 911 GT3-Triebwerken zugute. Mehr Drehzahl (8.500 U/min), eine erhöhte Verdichtung (12,2:1) und Detailarbeiten an Ansaug- und Abgasanlage sowie an den Katalysatoren erhöhen die Leistung. Zudem ergänzt das Team erstmals eine Nockenwellenverstellung an der Auslassseite. Mittlerweile ist das Abgasverhalten ein wichtiger Faktor, denn die Normen werden immer strenger. Der neue GT3 RS muss bereits die Vorgaben der Euro 5a erfüllen, die erstmals den Partikelausstoß bei Benzinern berücksichtigen.

„Wir mussten darauf achten, dass das Ding g'scheid brennt", fasst Preuninger zusammen. Was einfach klingt, ist eine echte Aufgabe für die Motorenentwickler um Hans-Georg Breuer. Die Komplexität des Motors, der nach wie vor auf der Konstruktion von Hans Mezger basiert, nimmt auch deshalb deutlich zu. Während der Entwicklung macht vor allem die doppelte Nockenwellenverstellung Probleme. Bei Testfahrten lösen sich Verstellmechanismen und führen zu Motorschäden. Spezielle Scheiben fixieren die Bauteile später in der Serienversion.

KNAPPER GEWICHTSVORTEIL

Der überarbeitete GT3 RS absolviert die traditionelle RS-Diät und erhält zeitgemäße Ergänzungen. Ein Endschalldämpfer aus Titan, Karbon-Spoiler, Kunststoff-Heckscheibe und Leichtbau-Türtafeln senken das Gewicht. Optional streichen Halogen-Scheinwerfer und eine Lithium-Ionen-Starterbatterie weitere Kilos. Verglichen mit dem 911 GT3 spart der 911 GT3 RS insgesamt 25 Kilogramm ein. Ausgerüstet mit einem Käfig bleiben immerhin noch neun Kilogramm Vorsprung. Vom leergeräumten Cup-Fahrzeug trennen ihn 100 Kilogramm.

Als der 911 GT3 RS schon fast fertig ist, schafft es noch eine Neuerung ins Projekt: Seine Bremsscheiben sollen aus einem Aluminium-Topf und einem Stahl-Reibring bestehen. Damit bleibt die Auflagefläche der Bremsbeläge belastbar, aber die Mitte des Bauteils wird leichter. Der Vorschlag kommt spät aus der Bremsenentwicklung. Aber diese Bauform spart Gewicht. Preuninger setzt die Idee durch – und rüstet damit den 911 GT3 RS zum ersten Mal mit einer eigenständigen Bremse aus.

DAS VIEL SCHNELLERE AUTO

Die größten Fortschritte macht das Auto aber beim Fahrwerk. Entwicklungsleiter Karsten Schebsdat beginnt die Optimierungen nicht, wie üblich, an der Hinterachse. Stattdessen lässt er bei Michelin Vorderreifen mit besserer Seitenführung entwickeln und stimmt den Rest des Autos darauf ab, bis hin zu den aktiven Motorlagern.

DEMONSTRATION AUF DEM NÜRBURGRING

Das Langstreckenteam für den Serien-Porsche: Motorjournalist Chris Harris, DTM-Pilot Roland Asch, sport auto-Chefredakteur und Rennfahrer Horst von Saurma sowie Profirennfahrer und VLN/NLS-Kommentator Patrick Simon.

Bei der 2010er-Auflage des 24-Stunden-Rennens auf dem Nürburgring lässt Porsche einen für die Straße zugelassenen 911 GT3 RS antreten. Er soll zeigen, wie gut sich seine Technik im Renneinsatz schlägt. Vom Serienstand weicht er lediglich in jenen Punkten ab, die die FIA für alle Teilnehmer des Rennens vorschreibt. Außerdem fährt das Auto mit einem erhöhten Radsturz.

Am Steuer des Serienautos wechseln sich die Journalisten Chris Harris und Horst von Saurma sowie DTM-Pilot Roland Asch und der langstreckenerfahrene Rennfahrer Patrick Simon ab. Die vier Männer arbeiten sich von Startplatz 42 kontinuierlich nach vorn. Ihre Boxenstopps verlaufen planmäßig, das Auto benötigt nur Kraftstoff, Bremsscheiben- sowie Beläge und regelmäßig einen munteren Fahrer. Im Morgengrauen dankt Asch per Funk Preuniger für das tolle Auto, während er damit die Döttinger Höhe entlangdüst – und singend Cup-Fahrzeuge überholt, weil das Serienauto auf der Geraden schneller fährt. Am Ende des Rennens schaffen sie es auf den 13. Gesamtrang. Der Clou: Der serienmäßige 911 GT3 RS mit dem Kennzeichen S-GO 2400 absolviert die Strecke von Stuttgart zum Ring auf eigener Achse und tritt den Rückweg nach dem Rennen leicht lädiert, aber ebenfalls aus eigener Kraft an. Von Saurma fährt seinen Rennwagen auf der Autobahn zurück in die Heimat. Genau genommen handelt es sich also um ein 30-Stunden-Rennen, das der RS bestreitet.

Der Porsche 911 GT3 RS fährt auf eigener Achse zum Ring, absolviert dort das 24h-Rennen ohne Probleme und fährt danach zurück nach Stuttgart. Dank der höheren Endgeschwindigkeit hat die firmeninterne Konkurrenz auf den Hochgeschwindigkeitspassagen der Grünen Hölle oft das Nachsehen.

Das Serienauto arbeitet sich beim 24h-Rennen am Nürburgring von Startplatz 42 auf den 13. Gesamtrang vor

Mit einer speziellen Gummimischung, einer breiteren Aufstandsfläche (245er vorn, 325er hinten), einem darauf abgestimmten Fahrwerk, optimierter Traktionskontrolle und einer weiter verbesserten Aerodynamik (160 Kilogramm Abtrieb bei Höchstgeschwindigkeit) verdient sich das Facelift des 911 GT3 RS in den Fachmedien großes Lob. Im Test von *sport auto* umrundet der RS die Nordschleife 15 Sekunden schneller als der Vorgänger der gleichen Baureihe. Die Zeit von 7:33 Minuten absolviert er im Normal-Modus.

Im britischen *Car Magazine* zeigt sich Ben Pulman ebenfalls begeistert: „Die Rückmeldung der Lenkung ist großartig detailliert, die Keramikbremsen hinterlassen einen ebenso bleibenden Eindruck wie die Leistung, und die Cup-Reifen sorgen für enormen Grip. Jeder Kilometer ist berauschend, und er ist sicherlich eines der besten Autos des Jahres 2010." Pulman ergänzt: „Es gibt Dinge bei Porsche, die man hassen sollte (zum Beispiel den Cayenne), aber [der 911 GT3 RS] ist etwas zum Feiern."

DEKOR WIE EIN SPEEDBOOT

Optisch setzt sich der neue 911 GT3 RS deutlich vom Vorgänger ab. Verbreiterungen an den vorderen Kotflügeln (26 Millimeter) bringen die neuen, breiteren Räder unter. Bug- und Heckschürze sind modifiziert, der überarbeitete Spoiler bekommt einen Aluminium-Unterbau, und die Felgen sind per Zentralverschluss an die Naben verschraubt. Zusätzlich zu all diesen Änderungen wünscht sich Andreas Preuninger weitere Updates. Am „GT3 RS" in der Flanke hat er sich satt gesehen. Er vergrößert den Schriftzug und versetzt ihn auf die Kotflügel – ungefähr so, wie einst die Clubsport-Variante des G-Modells im Jahr 1988 ihr Logo präsentierte. Für den frei gewordenen Platz an der Seite hat er eine weitere Idee. Eine seiner Leidenschaften sind Speedboote. Und die tragen zu dieser Zeit oft eine stilisierte Zielflagge auf ihrer Außenhaut.

So eine karierte Flagge soll auch der 911 GT3 RS bekommen. Preuninger überzeugt den Entwicklungschef Wolfgang Dürheimer und bittet Cayenne-Designer Stephen Murkett um einen Vorschlag. Mit ihm teilt er das schnelle Hobby. Murkett weiß deshalb genau, wie er die Aufgabe am besten umsetzen kann: „Nach drei oder vier Stunden Arbeit mit Klebeband am Auto war er fertig. Und es sah genau so aus, wie ich es mir vorgestellt habe", erinnert sich Preuniger. Murketts Entwurf geht in Serie. Eine echte Flagge im Schachbrettmuster passiert der 911 GT3 RS dann ein halbes Jahr nach seiner Präsentation auf der IAA am Nürburgring, als er die Härteprüfung beim 24-Stunden-Rennen besteht.

Zum Facelift erhält die Baureihe 997 neue Rückleuchten – auch der 911 GT3 RS.

Karbon-Schalensitze, Felgen mit Zentralverschluss, farbige Akzente im Innenraum: Im 911 GT3 RS kommt es auf die Details an, technisch wie optisch.

Der Karbon-Spoiler trägt ab dem Facelift einen Unterbau aus leichtem Aluminium.

Die vorderen Kotflügel des 911 GT3 RS sind nun breiter als die des Serienmodells.

Porsche optimiert Motor, Fahrwerk und Aerodynamik des 911 GT3 RS. Mit mehr Kraft, Abtrieb und einer feinfühligen Abstimmung wird er deutlich schneller als sein unmittelbarer Vorgänger.

Walter Röhrl ist an der Entwicklung des 911 GT2 RS beteiligt. Maßstab für den ersten 911 GT2 RS ist der Carrera GT. Er soll ihn auf der Nordschleife um eine Sekunde unterbieten – letztendlich werden daraus zehn Sekunden.

PORSCHE 911 GT2 RS

Bisher baut Porsche nur RS-Elfer mit Saugmotoren. So ist es in der luftgekühlten Ära, so bleibt es zunächst auch in den Zeiten der Wasserkühlung. Seit der Generation 993 gibt es aber ein sportliches Topmodell, das auf dem 911 Turbo basiert: Der 911 GT2 ist das turbogeladene Pendant zum 911 GT3. Beide Derivate glänzen in den Disziplinen Gewicht, Handling und Aerodynamik, nutzen aber verschiedene Antriebe.

DER ERSTE 911 RS MIT TURBOLADERN

Der Gedanke an einen GT2 RS kommt zum ersten Mal im Jahr 2007 auf. Porsches GT-Team arbeitet gleichzeitig am 911 GT2 und am 911 GT3 RS, jeweils aus der Baureihe 997. Eines Nachts, bei Testfahrten in Estoril, überlegt ein Mechaniker des Teams laut: „Stellt Euch mal vor, wir würden alles, was wir mit dem GT3 RS machen, auf den GT2 übertragen."

Der stärkste handgeschaltete Porsche 911: 620 PS und 700 Nm aus 3,6 Litern Hubraum treiben im 911 GT2 RS ausschließlich die Hinterachse an. Das rechtsgelenkte Modell verfügt über einen kleineren Tank mit 67 Litern Fassungsvermögen.

Für den GT2 ist zwar nicht Andreas Preuninger, sondern Alan Lewin verantwortlich. Aber Preuninger gefällt der Gedanke. „Der GT2 war nicht ganz so extrem, wie ich ihn gemacht hätte. Da war noch genug Raum für eine RS-Kur“, erinnert er sich. Und die setzt er jetzt im Geheimen um. Das Projekt beginnt mit einem silbernen 911 GT2, den Preuninger nach seinen Vorstellungen optimiert.

EIN HEIMLICHER 911 GT2 RS

Mit dabei: Karsten Schebsdat, der technische Projektleiter des GT2, dazu noch mehrere engagierte Ingenieure. Ihr Auftrag: Alles raus, was schwer macht, und alles rein, was schnell macht. Das Auto soll so leicht wie möglich werden, vorerst noch ohne Rücksicht auf eine potenzielle Serienversion.

Der Prototyp bekommt die Leichtbau-Elemente des 911 GT3 RS, außerdem verbreiterte Kotflügel und einen Frontdeckel aus Karbon. Im gleichen Arbeitsschritt fliegt schweres Dämmmaterial aus dem Auto, bis es nur noch 1.340 Kilogramm wiegt. Der 3,6-Liter-Motor erhält eine Leistungssteigerung auf ungefähr 580 PS, dazu verstärkte Innereien. Zu diesem Zeitpunkt sind den Entwicklern die Abgasnormen noch egal. Es bleibt bei Handschaltung und Heckantrieb. Der Prototyp heißt „Biest“, denn er fühlt sich ungefähr so grob an, wie es die Summe seiner Teile andeutet. Als Walter Röhrl im „normalen“ 911 GT2 am Nürburgring den Rundenrekord einfährt (7:32 Minuten), ist das Biest ebenfalls vor Ort. Nach Röhrls Stint bittet Preuninger ihn, noch einmal auf die Strecke zu gehen. Dieses Mal mit dem Biest.

Röhrl wundert sich, weil der Prototyp bereits gebraucht aussieht. Aber er erfüllt Preuningers Bitte. Und er fährt mit dem Biest eine Rundenzeit von 7:29 Minuten – während andere Fahrzeuge auf der Strecke sind. Röhrl scheint überzeugt und fragt nach einer Serienversion. Preuninger stimmt ihm zu: „Das Auto hat so viel Spaß gemacht, dass wir es unbedingt umsetzen mussten.“ Der Codename des Serienfahrzeugs lautet „Projekt 7:27“. Denn das ist die angepeilte Rundenzeit für das fertige Auto – eine Sekunde schneller als der Porsche Carrera GT. Eine Besonderheit, die das Auto mit vielen seiner RS-Geschwister teilt: Der Impuls kommt aus der GT-Abteilung, nicht aus dem Marketing.

Röhrl bleibt während der Entwicklung des 911 GT2 RS eng am Projekt. Als er eines Tages in einem Ferrari 599 eine Vergleichszeit auf der Nordschleife fährt, erkennt er einen anderen 599 auf der Strecke. Röhrl holt das Auto ein und zieht schließlich an ihm vorbei, als der Fahrer sich verbremst. Nach seiner Runde fährt Röhrl auf die Landstraße, um das Auto dort kalt zu fahren. Sein Konkurrent macht es ihm nach und fährt neben ihn. Röhrl erkennt Michael Schumacher am Steuer des anderen Wagens. Diese Geschichte ist allerdings nur bekannt, weil sich Schumacher im Beisein seiner Mechaniker über das Erlebnis aufregt. Und die Schrauber später beim Abendessen im Restaurant laut darüber lachen. Danach weiß jeder am Ring davon.

KARBON FÜR DEN 911 GT2 RS

Weil das Modell mit seiner enormen Leistung ohnehin eine hohe Preisklasse erreicht, kann das Team Ideen umsetzen, die es beim 911 GT3 RS bisher bleiben ließ. Ja, teure Autos haben Vorzüge, zumindest beim Entwickeln. Es kommt viel Karbon zum Einsatz. Verbreiterte Kotflügel, Frontdeckel und Heckflügel des Serienmodells bestehen aus dem leichten Werkstoff, außerdem die Türtafeln. Als extremstes Straßenmodell im 911-Portfolio soll der GT2 RS das Material zeigen, um seine Motorsportgene zu demonstrieren. Die Haube vorn und die Abrisskante hinten sind in mattem Sichtkarbon ausgeführt.

Der 911 GT2 RS entsteht zunächst im Geheimen. Die Ingenieure haben freie Hand und konstruieren einen leichten, starken Prototyp mit dem Spitznamen „Biest".

Die Haube führt allerdings schon kurz nach dem Marktstart des 911 GT2 RS zu Problemen. Als das Auto bei den Händlern ankommt, wundern sich einige von ihnen über das matte Karbon auf dem Frontdeckel – und zücken prompt die Poliermaschine, weil Karbon ja üblicherweise glänzt. Mit guter Intention ruinieren sie das teure Karosserieteil. Die Politur ist irreparabel. Selbst ein großer, oranger Aufkleber an der Frontscheibe mit einer Erklärung darauf hilft nicht nachhaltig gegen solche Fehlinterpretationen. Ein weiteres Problem zum Marktstart: Als der 911 GT2 RS debütiert, unterstellt mancher Kunde Porsche reine Gier. Sie werfen dem Hersteller vor, es handele sich um einen GT2 mit Teilen des GT3 RS, der nur für seine Marge existiert. Böse Zungen nennen ihn GT2 Facelift. Preuninger winkt ab: „Die Erprobung eines Autos mit so viel Leistung und Heckantrieb ist sehr aufwändig." Im Auto stecken gut 700.000 Erprobungskilometer und mehr als 80.000 Ingenieurstunden.

EINE BESONDERE FAHRZEUGÜBERGABE

Preuninger selbst unterstützt Porsches Kommunikationsabteilung und hält Vorträge über die Besonderheiten seines Autos. Eine dieser Präsentationen findet in einem besonderen Rahmen statt. Für die Auslieferungen in den USA organisiert Porsche Cars North America große Veranstaltungen in El Toro und West Palm Beach. Im Februar 2012 übernehmen dort alle US-Käufer, die an der Veranstaltung teilnehmen wollen, ihre GT2 RS gleichzeitig.

Nach einem umfassenden Briefing mit Informationen zum Auto werden alle Teilnehmer zu einem nicht einsehbaren Bereich geführt. Mitarbeiter rollen den Sichtschutz zur Seite und präsentieren die Fahrzeuge – 40 in West Palm Beach, 20 in El Toro, jeweils im Motorsport-Stil mit den Namen ihrer Besitzer und deren Begleitungen beschriftet. Als Rahmenprogramm bietet Porsche Mitfahrten auf der Rennstrecke im 911 GT3 Cup und in bereits eingefahrenen 911 GT2 RS an. Unter anderem pilotiert die Motorsportlegende Hurley Haywood die Autos über die Piste. Alle Käufer, die nicht dabei sind, erhalten ihre Fahrzeuge erst ein paar Tage später.

Mattes Sichtkarbon auf der Motorhaube führt zu Missverständnissen bei der Auslieferung: Porsche-Händler polieren das Bauteil – und ruinieren es damit.

Der Tank des 911 GT2 RS fasst serienmäßig 90 Liter.

70 KILOGRAMM LEICHTER, 90 PS STÄRKER

Wie schnell der 911 GT2 RS in der Praxis ist, lässt sich nur schwer beschreiben. Auch, weil es etwas Vergleichbares bisher nicht gibt. Auf der Nordschleife fährt er allen Autos mit einer regulären Straßenzulassung davon. Porsche-Werksfahrer Timo Kluck umrundet die Grüne Hölle in 7:18 Minuten, vier Sekunden schneller als die extreme Dodge Viper ACR. Maserati MC12 und Paganzi Zonda F Clubsport stehen noch weiter hinten in der Bestenliste.

Horst von Saurma findet in *sport auto* eine nachvollziehbare Erklärung für das Format des Autos, als er die aufgezeichneten Daten mit denen des 911 GT3 RS vergleicht: „Während die Kurvengeschwindigkeiten (...) auf etwa gleichem Niveau liegen, rauscht der Porsche 911 GT2 RS auf den Beschleunigungsetappen und den langen Geraden mit einem Tempoüberschuss am Porsche 911 GT3 RS vorbei, als sei Letzterem seitens der Regie taktische Zurückhaltung verordnet worden: Mit 275 km/h am Schwedenkreuz und 300 km/h auf der Döttinger Höhe. GT3 RS: 258 beziehungsweise 276 km/h.“

Der Heckflügel des 911 GT2 RS besteht aus Karbon.

Die Türtafeln aus Karbon sparen insgesamt 700 Gramm Gewicht ein.

Mit 1,6 bar Ladedruck und vielen weiteren Modifikationen steigt die Leistung des Turbomotors auf 620 PS.

Gewichtsreduktion bis ins Detail: Der 911 GT2 RS wiegt weniger als der 911 GT3 RS.

BIS INS EXTREME

Tatsächlich kommt in der Serienversion des 911 GT2 RS spürbar mehr Leichtbau an als im 911 GT3 RS. Sein Normgewicht beträgt trotz der schwereren Motortechnik 1.370 Kilogramm, fünf Kilogramm weniger als beim 911 GT3 RS mit Saugmotor. Es ist ein Sammelsurium von Maßnahmen, das das letzte Gramm aus dem Auto quetscht. Dazu gehören die Karbon-Türtafeln (minus 700 Gramm), der entfallene Cupholder (minus 1,5 Kilogramm) und ein spezieller Teppich samt leichterer Dämmung (minus 4 Kilogramm). Klimaanlage und Radio kommen wieder nur optional und aufpreisfrei ins Auto. Für die Mehrleistung von 90 PS gegenüber einem 911 GT2 sind maßgeblich die neuen Turbolader, der angehobene Ladedruck und die größeren Ladeluftkühler verantwortlich. Die beiden VTG-Lader verdichten die Ansaugluft im RS-Modell mit 1,6 statt mit 1,4 bar. Das Drehmoment steigt auf 700 Newtonmeter, die Leistung auf 620 PS. Angepasste Kolben halten den höheren Drücken in den Brennräumen stand.

In Kombination mit den Leichtbau-Maßnahmen und präzisen Uniball-Lagern im Fahrwerk ergibt sich eine unvergleichliche Fahrmaschine. Im britischen Fachmagazin *Autocar* hält Andrew Frankel den GT2 RS für „legalisierten Wahnsinn". Autojournalist Chris Harris schreibt, verglichen mit einem 911 Turbo stamme der 911 GT2 RS aus einer anderen Welt.

Allrad ist in Porsches erstem 911 GT2 RS kein Thema. Eine zweite Antriebsachse würde zu viel Gewicht ins Auto bringen und damit die Performance schmälern. Wichtiger ist ohnehin eine optimierte Aerodynamik. Das Spitzenmodell erzeugt 60 Prozent mehr Abtrieb als ein GT2. Damit steigt zwar der c_W-Wert. Aber das ist in Anbetracht der Leistung kein Problem.

Porsche limitiert den 911 GT2 RS der Baureihe 997 auf 500 Exemplare. Sie sind innerhalb weniger Monate ausverkauft. Das Auto bleibt der schnellste und stärkste Porsche 911 mit manuellem Getriebe.

Der Porsche 911 GT3 RS 4.0 schöpft 500 PS aus 4,0 Litern Hubraum. Für den Sprung von 3,8 auf 4,0 Litern bekommt er die Kurbelwelle des Wettbewerbsfahrzeugs.

PORSCHE
GT3 R
MICHELIN
Mobil 1

Der 911 GT3 RS 4.0 des Typs 997 ist bei Porsche noch Jahre später Benchmark für seine Nachfolger.

PORSCHE 911 GT3 RS 4.0

Für die Motorsportsaison 2010 arbeitet Porsche an einem Nachfolger des Rennwagens 911 Cup S. Das Besondere am Neuen, dem 911 GT3 R: In ihm steckt ein Mezger-Motor mit vier Litern Hubraum. Der Boxer beeindruckt den GT-Motorenchef Hans-Georg Breuer nachhaltig. Er schwärmt Andreas Preuninger vor, wie toll dieser Antrieb funktioniere. Preuninger kommt die Idee, den Motor straßentauglich zu machen und in einen Versuchsträger einzubauen.

Der Auftrag geht an den Konstrukteur Helmut Schmid. Er steht kurz vor dem Ruhestand und darf seine Karriere mit einem besonderen Auto abschließen. Vorerst weiß niemand davon, was er hinter den verschlossenen Türen der GT-Abteilung tut. Er baut den ersten 4,0-Liter-Straßenmotor in einen aquablauen 911 GT3.

Als der Prototyp fertig ist, begeistert er jeden, der damit fährt. Preuninger findet: „Das dürfen wir den Kunden nicht vorenthalten. Daraus machen wir eine Sonderserie!“ Der Vorschlag erhält die Zustimmung des Vorstands.

Aus dem Gedanken, ein Straßenauto mit einem Rennmotor zu bauen, wächst so etwas wie der ultimative Porsche 911. Preuningers Abteilung steckt sämtliche Erfahrungen mit dem 997 und seinen extremen Sport-Derivaten in das Projekt – all das, was sie von bis dato drei RS-Modellen gelernt haben.

VOM MOTOR ZUM GESAMTKONZEPT

Das Projekt GT3 RS 4.0 beginnt damit rund um den Motor. Preuninger möchte die größte Ausbaustufe des Mezger-Boxers unbedingt in Serie sehen, weil er sich viel stärker anfühlt, als es 200 Kubikzentimeter mehr Hubraum andeuten. Wie bei seinem ersten RS, dem 911 GT3 RS von 2003, reichert er diesen Grundgedanken mit Aufgaben für alle anderen Gewerke an. In der Fahrwerksentwicklung tauschen die Ingenieure die serienmäßigen Gummilager gegen Uniball-Gelenke mit deutlich reduziertem Spiel. Das verbessert die Präzision des Autos – und hilft auch auf einer anderen Ebene: „Der Abrollkomfort ist im Supertest-Porsche 911 GT3 RS 4.0 entgegen einer voreiligen Vermutung nicht schlechter, sondern besser geworden“, wundert sich Horst von Saurma in *sport auto*.

Neue Fahrwerksfedern mit erhöhtem Windungsabstand sparen im Vergleich zum 911 GT3 RS Gewicht. Das Team setzt sie in Kombination mit sogenannten Helper Springs ein. Sie sorgen für eine kontinuierliche Vorspannung der Hauptfedern. Zudem erhalten die adaptiven Stoßdämpfer eine neue Abstimmung. Sie sind nun im sportlichen Fahrmodus besser auf die Gegebenheiten der Nürburgring-Nordschleife ausgelegt.

ABTRIEB UND LEISTUNG

Die Aerodynamiker widmen sich derweil Anpressdruck und Balance. Kleine Luftleitelemente an der Frontschürze, sogenannte Flics, erhöhen den Abtrieb an der Vorderachse um 15 Prozent. Gemeinsam mit der überarbeiteten Frontlippe sind sie das Gegenstück zum starren Heckflügel, der jetzt stärker im Wind steht. *Drive*-Moderator Chris Harris scherzt, dass man auf ihm nicht so gut seinen Tee abstellen könne wie auf dem Flügel eines RS 3.8.

Insgesamt generiert das Auto 190 Kilogramm Abtrieb bei Höchstgeschwindigkeit. Die liegt trotz der Mehrleistung weiterhin bei 310 km/h. Auf der Rennstrecke ist das nebensächlich. Der GT3 RS 4.0 umrundet die Nürburgring-Nordschleife in 7:27 Minuten.

Basis für den Antrieb ist der 3,8-Liter-Motor des Vorgängers. Er bekommt die Kurbelwelle des Rennwagens. Sie erhöht den Hub auf 80,4 Millimeter. Das ergibt einen Hubraum von 3.996 Kubikzentimeter. Mit Schmiedekolben, Titanpleueln, einer leicht erhöhten Verdichtung von 12,6:1 und einem überarbeiteten Ansaugtrakt (inklusive Luftfilter aus dem 911 GT3 R Hybrid) sowie neuen Krümmern leistet der Motor 500 PS. Damit ist der GT3 RS 4.0 so stark wie ein 911 Turbo. Genauso beeindruckend ist das Drehmoment von 460 Newtonmetern bei 5.750 U/min.

KARBON, DAS MAN NICHT SIEHT

Der RS 4.0 nutzt alle verfügbaren Leichtbau-Mittel, zum Beispiel Seitenfenster aus Kunststoff, dazu Fronthaube, Heckspoiler und Kotflügel aus Karbon. Den Werkstoff zeigt er aber nicht, sondern versteckt ihn unter Lack. Das hat mehrere Gründe. Zum einen bevorzugt Preuninger für das Modell eine dezente Optik. Zum anderen wiegen die Bauteile auf diese Art weniger. Um Sichtkarbon ästhetisch aufzubereiten, bedarf es einiger, schwerer Materialschichten. All diese Maßnahmen sorgen dafür, dass das Trockengewicht nur 70 Kilogramm über dem des Cup-911 liegt. Im Datenblatt führt

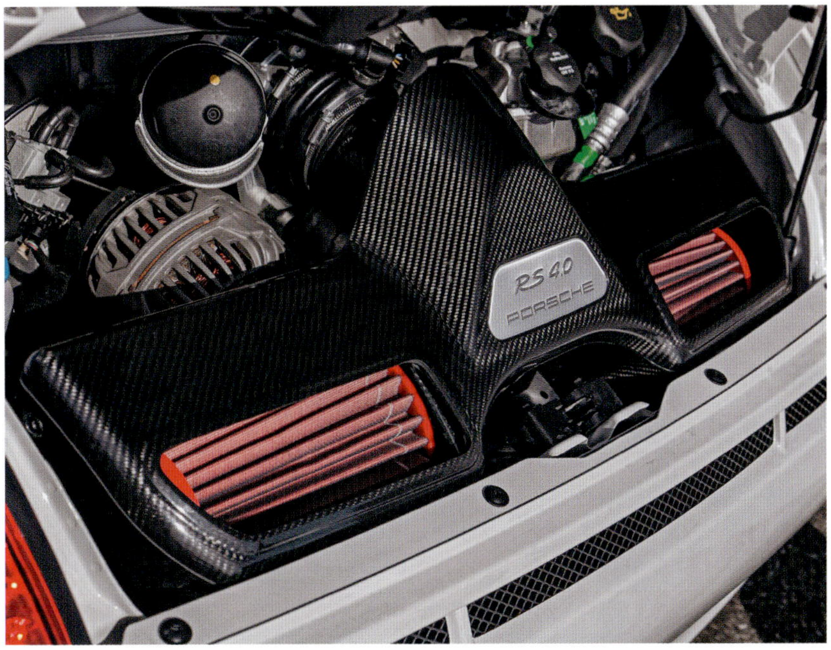

Der 4,0-Liter-Motor stammt weitestgehend aus dem Wettbewerbsfahrzeug.

Leichte Schlaufen an den Türen und eine 12-Uhr-Markierung am Lenkrad im Innenraum des 911 GT3 RS 4.0.

Zum letzten Mal gibt es ein RS-Modell ausschließlich als Handschalter.

Porsche ein DIN-Gewicht (mit Betriebsstoffen) von 1.360 Kilogramm auf.

Optisch möchte Preuninger generell nicht der Mode folgen, sondern eigene Ideen verwirklichen. Der 4.0 bekommt weißen Lack mit silbernen Akzenten und weiße Felgen. Besonders die Räder stoßen intern zunächst auf Widerstand. In Serie gehen sie dennoch. Als Gegenpol für dieses unschuldige Äußere ergänzt Preuninger eine schwarze Variante. Interner Spitzname: Darth Vader.

VORAUSSETZUNG: KRAFT

Bei internen Testfahrten fällt vor allem die robuste Abstimmung von Ganghebel und Kupplung auf. August Achleitner, Hauptverantwortlicher der Baureihe 911, ist begeistert vom Auto, mäkelt aber an den schwergängigen Hebeln. Preuningers Antwort: Auf der Rennstrecke fühle sich das stimmig an.

Von Saurma stimmt zu: „Bei schnellen Schaltmanövern ist sie an Exaktheit schließlich kaum zu überbieten. Dann flutschen die Gänge mit einer Geschmeidigkeit rein, dass es eine helle Freude ist, einen konventionellen Schaltstock bedienen zu dürfen. Der exakte Ein- und Ausrückmechanismus der Kupplung erlaubt es überdies, auf den Punkt genau im Fuß zu fühlen, wie es um die Verbindung zwischen Motor und Getriebe bestellt ist – eine dankenswerte Information, besonders nach dem schnellen Herunterschalten im Kurveneingang."

Ähnlich begeistert urteilt Wolfgang König in *Auto Bild* über den neuen Super-Elfer: „Unglaublich, wie trocken und präzise dieses 500-PS-Tier den Fahrer-Input umsetzt. Wie vertrauenerweckend, und alles, ohne den Federungskomfort zu ruinieren. Perfekt. Und ganz sicher ein weiterer 911-Klassiker." Eine treffsichere Prognose: Die auf 600 Exemplare limitierte Kleinserie zählt gut zehn Jahre nach ihrem Marktstart zu den begehrtesten 911-Derivaten.

Matt Farah, Moderator des YouTube-Kanals *The Smoking Tire*, fasst zusammen: „Alles an diesem Auto ist präzise. Die Schaltung ist präzise. Der Motor ist hyperpräzise. Die Lenkung platziert das Auto millimetergenau." Ihn beeindrucke vor allem die Traktion am Kurvenausgang.

Zusätzliche Luftführungen: Die kleinen Schaufeln an der Frontschürze heißen Flics. Sie kommen zum ersten Mal in einem Serien-Porsche zum Einsatz.

Porsche verkauft den GT3 RS 4.0 ausschließlich in Schwarz oder Weiß. Andere Farben stehen nicht zur Wahl.

VIER-PUNKT-NULL ALS MESSLATTE

Für Porsche ist der GT3 RS 4.0 aus der Baureihe 997 ebenfalls besonders wertvoll. Das Modell von 2011 dient in bestimmten Bereichen auch in den 2020er Jahren als Benchmark für Nachfolger. Andreas Preuninger steht nach wie vor ein Exemplar zur Verfügung, an dem sich neue Fahrzeuge messen müssen. Er schätzt es vor allem wegen seiner Lenkpräzision – und weil das Auto so herrlich direkt fährt.

Bei seiner Präsentation bezeichnet Preuninger den RS 4.0 als „kugelsicher“. Wie ausdauernd und zuverlässig er ist, beschreibt eine Anekdote besonders gut: Als eines seiner häufig genutzten Versuchsfahrzeuge hat ein 911 GT3 RS 4.0 mehr als 120.000 Kilometer erlebt, war Vergleichsfahrzeug bei der Entwicklung des 911 R und wurde selten geschont. Einmal mussten die Ingenieure in Kalabrien eine Kunststoffscheibe mit einem geliehenen Handbohrer öffnen, weil sie den Schlüssel eingeschlossen hatten. Preuningers Fazit zu diesem Auto: „Der fährt wie neu. Er klappert nicht, er hatte keinen außerplanmäßigen Stopp, er ist einfach ein tolles Auto.“ Ein großes Lob für ein Modell aus einem derart spitzen Segment – besonders von seinem Entwickler.

Die finale, größte Ausbaustufe des Mezger-Motors begeistert Fans der Marke nachhaltig. Sie gilt als einer der besten Antriebe im Porsche 911.

BB EM 4011
Porsche Museum

Der 911 GT3 RS 4.0 brilliert auf der Rennstrecke: Die Nürburgring-Nordschleife umrundet er in 7:27 Minuten. Diese Zeit war einst Entwicklungsziel für den viel stärkeren 911 GT2 RS mit 620 PS.

Die Rückkehr des Bürzels: Porsche bringt den legendären Heckspoiler in einer kleinen Sonderserie zurück. Das Auto ist sofort ausverkauft.

PORSCHE 911 SPORT CLASSIC

Im Jahr 2009 greift Porsche den charismatischen Spoiler des 911 Carrera RS 2.7 von 1972 auf. Für eine Kleinserie von 250 Fahrzeugen modelliert die für Sonderwünsche verantwortliche Abteilung Porsche Exclusive einen ähnlich geformten Heckdeckel für den 911 der Baureihe 997. Der Name dieser Sonderserie: Porsche 911 Sport Classic.

RETRO-SPOILER

In diesem Auto geht es nicht um maximalen Abtrieb. Wie der aussieht, zeigen die aktuellen RS-Modelle des Herstellers. Der Sport Classic fokussiert sich auf ikonisches Design. Neben dem neu erfundenen Bürzel bekommt er ein Doppelkuppeldach, ein spezifisches Rad im Fuchs-Design, einen eigenen Farbton (Sportclassicgrau) und individuelle Sitzbezüge aus Flechtleder.

Der Antrieb des 911 Sport Classic entspricht prinzipiell dem des 911 Carrera S. Mit einem optimierten Ansaugtrakt steigt seine Leistung um 23 auf 408 PS. Porsche flanscht den Motor an ein manuelles Sechsganggetriebe mit mechanischer Hinterachssperre. Keramikbremsen (PCCB) und das verstellbare Sportfahrwerk (PASM) mit zwei Zentimetern Tieferlegung gehören zum Serienumfang.

Porsche will mit dem Modell vor allem die Möglichkeiten der Porsche Exclusive-Manufaktur demonstrieren. Der Hersteller trifft damit offenbar einen Nerv. Das 201.682 Euro teure Sondermodell ist nach nur 48 Stunden ausverkauft.

911
Sport Classic
S GO 4051

991

MIT DER GENERATION 991 VERÄNDERT PORSCHE DEN 911 ZUM ZWEITEN MAL GRUNDLEGEND. DIE NEU ENTWICKELTE PLATTFORM ERMÖGLICHT DEM SPORTWAGEN-KLASSIKER EINE MISCHBAUWEISE FÜR DIE ROHKAROSSERIE, WELCHE NUN AUS ALUMINIUM UND STAHL BESTEHT.

Oben und unten: Aerodynamik ist ein großes Thema beim 911 GT3 RS des Typs 991. Auslässe in den Radhäusern vorn verringern den Auftrieb und Hutzen in den Radhäusern hinten sammeln die Prozessluft für den Motor ein.

Der hohe Aufwand zahlt sich aus: Obwohl der Sportwagen erneut deutlich wächst, wird er leichter. Seine Karosserie wiegt 80 Kilogramm weniger als die des Vorgängers, ein großer Schritt angesichts des Größenzuwachses. Das komplette, grundlegend modernisierte Auto mit vielen zusätzlichen Steuergeräten unterbietet den alten 911 immerhin um 40 Kilogramm.

Der Wechsel von 997 auf 991 bringt dabei viel zusätzliche Technik. Die einschneidendste Veränderung folgt dennoch erst zum Facelift: Ab 2015 sind die Motoren des 911 generell mit Turboladern ausgerüstet – ein Zugeständnis an den Flottenverbrauch. Lediglich der 911 GT3 und seine Derivate dürfen weiter Saugmotoren behalten. Dennoch gibt es auch bei den heißesten Varianten des neuen 911 elementare Änderungen.

In den Bauzeitraum des 991 fallen einige Jubiläen, die Porsche entsprechend würdigt. 2013 feiert Porsche den 50. Geburtstag des 911, unter anderem mit einem auf 1.963 Exemplare limitierten Sondermodell. Diese Zahl steht für das Geburtsjahr der Baureihe. Ein weiterer Porsche-Feiertag: Am 11. Mai 2017 baut das Werk in Zuffenhausen das einmillionste Exemplar. Es handelt sich um einen 911 Carrera S in Irischgrün, der mit vielen, hübschen Details an seine Vorgänger erinnert. Währenddessen überdenkt Porsche beim GT3 RS alte Traditionen – alles im Sinne von noch mehr Tempo.

2015

Das Ende des Handschaltgetriebes: Der neue 911 GT3 RS fährt ausschließlich mit einem schnell schaltenden Doppelkupplungsgetriebe (PDK).

PORSCHE 911 GT3 RS

Bisher bedient der 911 GT3 RS traditionell zwei Zielgruppen. Rennfahrer und Puristen lieben ihn gleichermaßen als Sportwagen mit Straßenzulassung, der Höchstleistung klar in den Mittelpunkt stellt. Sein Motor muss kein unnötiges Gewicht beschleunigen, sein Fahrwerk keine luxuriösen Fettpolster um die Kurve hieven. Er ist die automobile Version eines definierten Athleten. Dass moderne Fahrassistenzsysteme an Bord sind, lässt sich verschmerzen. Denn die sind abschaltbar.

Mit dem Wechsel auf die Baureihe 991 eröffnen sich für den 911 neue Möglichkeiten. Es zieht nun Technik ein, die es bisher nicht im 911 gibt. Sie ist für den 911 GT3 RS immer dann interessant, wenn sie ihn auch schneller macht. Selbst wenn das bedeutet, dass er dadurch schwerer wird. Oder dass die Entwickler mehr zu tun haben. Viele, zusätzliche Steuergeräte erhöhen den Aufwand bei der Konzeption des Modells. Die Elektroniker begegnen dem Leichtbau-Anspruch mit großem Respekt.

Dass noch kein 911 RS mit einem Doppelkupplungsgetriebe ausgerüstet ist, rechtfertigt Porsche bislang mit dem zusätzlichen Gewicht der automatischen Schaltbox. Dieser Grund scheint nun vergessen, denn den neuen 911 GT3 RS gibt es ausschließlich mit dem Siebengang-Doppelkupplungsgetriebe (PDK). Außerdem lenkt seine Hinterachse bei hohem Tempo ein paar Grad mit, um die Stabilität zu erhöhen. Beides macht das Auto schneller. Aber es ärgert Puristen. Was sie zunächst nicht wissen: Porsche plant für sie den limitierten 911 R mit manuellem Getriebe. Und wenn der nicht gefällt, gibt es zur Not noch den handgeschalteten Cayman GT4.

HUTZEN AN DEN RADHÄUSERN

Der Basis-Elfer wächst mit dem Wechsel auf die Generation 991, also wird der GT3 RS ebenfalls größer. Er ist elf Zentimeter länger als sein Vorgänger. Dabei streckt sich sein Radstand um zusätzliche zehn Zentimeter. Mit der Karosserie des neuen 911 Turbo wird er fast vier Zentimeter breiter als der 997 RS. Innerhalb der Generation trennen Basisauto und GT3 RS 7,2 Zentimeter Breite.

Ein wichtiger Unterschied zum Vorgänger: Der 911 Turbo hat nun eine breitere Karosserie als die Allradmodelle. Um die maximal mögliche Spurweite an der Hinterachse fahren zu können, muss der 911 GT3 RS die Turbo-Karosserie übernehmen – samt ihrer Lufthutzen in den hinteren Radhäusern. Das GT-Team überlegt sich einen Einsatzzweck für sie. Denn einen Deckel will GT-Chef Andreas Preuninger nicht anbauen: „Das wäre nicht unser Stil."

Eine Idee während der Entwicklungsphase: Ein klug geführter Luftkanal könnte den Abtrieb erhöhen, indem er als eine Art integrierter Spoiler fungiert. Eine interessante Technik, die zum Beispiel Aston Martin nutzt, um große Flügel zu vermeiden. Porsche wählt jedoch einen anderen Weg. Die aerodynamischen Gegebenheiten der Turbo-Karosserie sorgen dafür, dass bei hohem Tempo an den Öffnungen ein Überdruck herrscht – genug, um einen noch besseren Ram-Air-Effekt zu erzielen als über der Motorhaube. Dabei drückt der Fahrtwind derart in den Ansaugtrakt, dass ein Überdruck entsteht – ähnlich wie bei einer Aufladung per Turbo oder Kompressor. Es bietet sich also an, an den Radhäusern die Frischluft für den Motor abzugreifen.

Neue Hutzen und ein großer Flügel rücken den 911 GT3 RS optisch ein gutes Stück in Richtung Rennstrecke. Gut so, denn das wünschen sich die Kunden.

Das beeindruckende Luftleitwerk des 911 GT3 RS generiert bei einem Tempo von 310 km/h insgesamt 345 Kilogramm Abtrieb.

Das zieht bauliche Maßnahmen für die weitere Luftführung nach sich. Denn die Karosserie ist eigentlich dafür konstruiert, die Luft zu den Ladeluftkühlern des 911 Turbo zu führen. Die befinden sich hinter den Hinterreifen. Die Entwickler arbeiten eng mit der Produktion zusammen, um einen Karosseriedurchtritt zu entwickeln. Gemeinsam findet man eine Lösung. Diese Maßnahme passt ins Lastenheft, denn die Kunden wünschen sich mehr Rennsport-Look. Da hilft die breite Karosserie mit den zusätzlichen Hutzen. Außerdem, so Preuninger, kann man die Ansaugung jetzt besser auf dem Fahrersitz hören.

345 KILOGRAMM ABTRIEB

An den vorderen, um 4,5 Zentimeter verbreiterten Karbon-Kotflügeln gibt es nun ebenfalls Hutzen. Sie sollen nicht be-, sondern entlüften. Der Fahrtwind gelangt mit ihnen nicht mehr aus den Radhäusern unter das Auto, um dort Auftrieb zu generieren. Er strömt jetzt aus den Radhäusern nach oben und hinten weg. Ein maßgebliches Detail, das sich nur schwer für ein Straßenauto homologieren lässt. Mit Waben und einem darunter liegenden Gitter gelingt dennoch die Zulassung.

Diese Aerodynamik-Maßnahmen erzeugen im 911 GT3 RS einen Anpressdruck, der den aller Vorgänger in den Schatten stellt. Das Auto macht in dieser Disziplin sogar dem Hypersportler Porsche 918 Spyder aus dem Jahr 2013 Konkurrenz. Bei Höchstgeschwindigkeit (310 km/h) generiert er einen Abtrieb von 345 Kilogramm. Das Cup-Auto überbietet ihn nochmal um 20 Prozent. Was der GT3 RS 4.0 aus der Vorgänger-Baureihe bei 300 km/h schafft, gelingt dem Neuen schon bei 200 km/h.

ZUM ERSTEN MAL OHNE MEZGER

Der Antrieb des 911 GT3 RS basiert in der Generation 991 zum ersten Mal nicht mehr auf dem legendären Mezger-Motor. Der glänzt zwar mit seiner Haltbarkeit, ist aber in gewissen Bereichen limitiert. Dazu gehören die innere Reibung und das Einspritzsystem. Auch die Kosten und Emissionen passen nicht mehr so recht in die Zeit. Ihn löst daher eine Weiterentwicklung des 3,8-Liter-Sechszylinder-Boxers aus dem aktuellen 911 Carrera S ab.

Schon für den 911 GT3 baut Porsche das Aggregat zum Hochdrehzahlmotor um. Er erhält Schmiedekolben aus Aluminium, Titanpleuel und eine Ventilsteuerung über leichte Schlepphebel. Vom ursprünglichen Carrera-Antrieb bleiben nur der Rumpf, die Steuerkette und Nebenaggregate wie die Lichtmaschine übrig.

Für den 911 GT3 RS konstruieren die Ingenieure eine neue Kurbelwelle. Sie besteht aus der gleichen Stahllegierung wie die des Le-Mans-Prototyps 919 Hybrid. Zudem verfügt sie über 81,7 Millimeter Hub, vier Millimeter mehr als beim 911 GT3. Damit vergrößert sie den Hubraum auf 4,0 Liter. Um die Kolbengeschwindigkeiten im Rahmen zu halten, reduziert Porsche die Höchstdrehzahl auf 8.800 U/min. Nur ein symbolisches Defizit, befindet Andreas Preuniger: „Bei der Applikation des Motors hätten 9.000 Umdrehungen keinen signifikanten Vorteil gebracht."

Hinzu kommen spezifische Pleuel, Kolben, Nockenwellenprofile, Ventilfedern und Zylinderköpfe, außerdem ein angepasstes Ölsystem. Der neue Motor leistet 500 PS und 460 Newtonmeter Drehmoment – konservativ angegeben. Dennoch ist er auf dem Papier genauso stark wie der 4,0-Liter-Motor im 997 GT3 RS 4.0. Stagniert der GT3 RS etwa?

Keineswegs, denn bei der Entwicklung geht es den Ingenieuren nicht unbedingt um eine Leistungssteigerung. Preuninger nennt das Verhältnis aus Leistung und Gewicht im 911 GT3 RS einen „Sweet Spot". Auch ohne Leistungsplus wird das Auto deutlich schneller als alle Vorgänger. Ausgedrückt in der wichtigsten Währung des 911 GT3 RS: Das Auto umrundet die Nürburgring-Nordschleife in 7:20 Minuten. Schneller ist dort bei Porsche bis dato nur der 620 PS starke 911 GT2 RS. Sein Vorsprung beträgt zwei Sekunden.

TECHNOLOGIESPRUNG

Diese Fahrwerte erreicht der 911 GT3 RS mit der Kombination vieler Maßnahmen. Chistian Gebhardt fasst in *sport auto* nach dem Test zusammen: „Auf der Nordschleife glänzt der Porsche 911 GT3 RS dank seiner Aerodynamik, der breiteren Spur und der größeren Rad-Reifen-Kombi. (...) Das Einlenkverhalten ist ein Gedicht! Die Fahrwerksabstimmung des Testwagens war sehr agil ausgelegt. Dadurch reagiert er spürbar auf Lastwechsel, die aber gut beherrschbar bleiben. Die Traktion unter Last ist dank der Mischung aus Tourque-Vectoring-Funktion PTV Plus und elektronisch geregelter Hinterachssperre fantastisch. Die Keramikbremse überzeugte mit hoher Verzögerung und hoher Standfestigkeit."

Mit den schnellen Schaltzeiten des neu abgestimmten, speziell applizierten Doppelkupplungsgetriebes, dem Plus der Agilität durch lenkende Hinterräder, dem die Karosserie beruhigenden, langen Radstand und neuer, breiterer Bereifung auf größeren Felgen (265/35ZR20 vorn, 325/30ZR21 hinten) überbietet der neue GT3 RS seinen gleich starken Vorgänger deutlich. Das spüren nicht nur Ring-Raser, sondern sogar die Autoquartett-Spieler: Das neue Auto sprintet eine halbe Sekunde flinker auf Tempo 100 als der 911 GT3 RS 4.0.

Rallye-Legende und Porsche-Botschafter Walter Röhrl ordnet die Eigenschaften bei der Presse-Präsentation des Autos am Bilster Berg wie folgt ein: „Längsdynamik und Höchstgeschwindigkeit sind für uns kein Thema, das ist uninteressant. Wo willst Du heute über 300 fahren?" Für ihn sei wichtig, was passiert, „wenn Du ums Eck rumfährst." Die vielen Maßnahmen im 911 GT3 RS bezeichnet Röhrl als „Mosaiksteinchen", die zusammen ein schlüssiges Bild ergeben. Die Assistenzsysteme stimmt Porsche besonders behutsam ab. „Sie sollen den Kunden nicht bevormunden, sondern das Auto schneller machen", fasst Preuninger zusammen. Röhrl witzelt in seiner bekanntklugen Art: „Es hat halt nur den Nachteil, dass auch weniger Geübte mit diesen Autos schnell fahren können. Früher war es einfacher, sich als Guter abzusetzen."

ZUSATZGEWICHT UND LEICHTBAU

Entgegen der bisher üblichen RS-Maxime muss der neue 911 GT3 RS nun schwerer werden, um schneller zu sein. Der neue Radsatz, das Getriebe, die Hinterachslenkung, die Elektronik – all das bringt Gewicht ins Auto. Als habe sich der definierte Athlet der Baureihe 997 zusätzliche Muskeln antrainiert, um mehr leisten zu können. Die Gewichtszunahme ist nur auf dem Papier ein Nachteil. Preuninger: „Das ist nur so lange ärgerlich, bis man es fährt. In der Summe aller Dinge spürt man das zusätzliche Gewicht nicht."

Mit breiterer Spur, längerem Radstand und einer Hinterachslenkung verbessert sich das Fahrverhalten des 911 GT3 RS im Vergleich mit dem Vorgänger deutlich.

Der 911 GT3 RS des Typs 991 wiegt mehr als seine Vorgänger. Dennoch fährt er deutlich schneller.

Laut Norm wiegt der 911 GT3 RS mit Fahrer und Betriebsstoffen 1.495 Kilogramm. Das sind 10 Kilogramm weniger als beim 911 GT3 der gleichen Modellgeneration, aber 60 Kilogramm mehr im Vergleich zum alten 911 GT3 RS 4.0. Um trotz der zusätzlichen Technik und Mechanik auf dieses Gewicht zu kommen, verschlankt Porsche die Basis mit alten und neuen Tricks.

Hauben und Kotflügel bestehen aus Karbon, die hinteren Scheiben aus Kunststoff, der Endtopf der Auspuffanlage aus Titan. Erstmals setzt Porsche dem 911 GT3 RS ein Dach aus Magnesium auf, versehen mit einer 30 Zentimeter breiten Prägung als Reminiszenz an die luftgekühlten Modelle. Die Sitze stammen vom Porsche 918 Spyder. Optional lassen sich mit Keramik-Bremsanlage, einer Lithium-Ionen-Batterie und dem Wegfall von Radio sowie Klimaanlage weitere Kilos killen.

DIE ZEIT SETZT GRENZEN

Wie keiner seiner Vorgänger zeigt dieser 911 GT3 RS, wie wichtig der extreme Straßensportwagen für Porsche ist. Preuningers Team wächst auf die doppelte Größe, weil so viele Neuerungen gleichzeitig ins Auto kommen. Eine besondere Herausforderung: Alle Modifikationen müssen sich in der Produktionslinie des Elfers darstellen lassen – von den Durchbrüchen für die Luftführung über die filigranen Kotflügel bis hin zur Bereifung, die bei manch anderem Hersteller wohl nicht in die Produktionsstraße passen würde.

Der 911 GT3 RS ist ein Prestigeprojekt, aber er muss auch Geld verdienen. Und das schafft er. Porsche verkauft insgesamt 6.128 Exemplare des Autos. Es handelt sich nicht um eine künstliche Limitierung, sondern um die begrenzten Kapazitäten im Fahrzeugbau. Porsche hat schlicht keine Zeit, um weitere 911 GT3 RS zu bauen.

M PP 911

Das Auto für Puristen: Eine schlanke Karosserie und kein Heckflügel am 911 R

PORSCHE 911 R

Nicht jeder freut sich über die neuen Fähigkeiten des 911 GT3 RS. Puristen kritisieren vor allem das automatische Getriebe. Während manch ein Freund roher Fortbewegung eine ölverschmierte Träne aus dem Augenwinkel drückt, arbeitet das GT-Team um Andreas Preuninger längst an einem Trostpflaster. Kurz vor dem 911-Facelift startet das Sondermodell 911 R, ein Auto mit Handschaltung für Gentleman Driver.

Der 911 R kommt mit einem neu entwickelten Handschaltgetriebe

DER FAST-RS FÜR PURISTEN

Dahinter steckt ein Plan, denn die Vorbehalte bekommt Porsche früh mit. Während der Entwicklung von 911 GT3 und 911 GT3 RS führt Preuninger selbst unzählige Diskussionen zum Getriebe. Fans finden, zu den spitzen Autos passe nur eine manuelle Schaltbox. Solche Äußerungen will er in der zweiten Hälfte des Modellzyklus vermeiden. Deshalb lässt er ein geeignetes Schaltgetriebe für das Sondermodell 911 R entwickeln. Mit diesem Bauteil im Regal will er künftig im 911 GT3 eine Alternative für Puristen anbieten. Beinahe geht die Idee 911 R jedoch schief. Das Auto wird recht spontan und unvorbereitet bei einem Board-Meeting präsentiert. Mit wenig Zeit und ohne Vorwarnung sind die Manager nicht vom Auto begeistert. Erst in den darauf folgenden Wochen kann Preuninger die Entscheider überzeugen.

Ein leicht modifizierter GT3-RS-Motor treibt den 911 R an.

Der 911 R trägt kein (vollständiges) RS im Namen. Aber ein RS-Motor treibt ihn an. In seinem Heck steckt der 4,0-Liter-Boxer des GT3 RS mit 500 PS. Das Technik-Paket (samt Hinterachslenkung) arbeitet in einer schmalen Karosserie. Die Kunststofffenster übernimmt er ebenfalls vom RS. Mit dem Schaltgetriebe und ohne Flügel wiegt er sogar 70 Kilogramm weniger. Einziges Manko: Der R dreht „nur“ bis 8.500 Touren, weil sein großes Schwungrad sonst die Kurbelwellenlager zu stark belasten würde.

Peter R. Fischer schreibt in *Auto Bild* nach der ersten Fahrt im 911 R: „Der 911 R ist genau die Fahrmaschine, die sich Puristen so lange gewünscht haben. Agil, gierig und immer bereit, ein mechanisches Feuerwerk zu zünden. Dieser Elfer ist das Highlight der Baureihe.“ Und er bittet die Kunden, vermutlich erfolglos: „Bitte nicht wegstellen“, denn die Limitierung des Sondermodells auf 991 Stück macht den Wagen unmittelbar zum Spekulationsobjekt.

Unter Last zeigt der 911 GT2 RS durch die geöffneten Auspuffklappen seine rot glühenden Katalysatoren.

PORSCHE 911 GT2 RS

Der erste Auftritt des neuen Porsche 911 GT2 RS erfolgt digital. Mitte Juni 2017 debütiert das Rennspiel Forza Motorsport 7 auf der Elektronikmesse E3 in Los Angeles – und mit ihm der schnelle 911, denn der ziert das Cover des Spiels. Während der Präsentation fährt er bereits virtuell Rennen. Porsche selbst schweigt derweil noch zum Auto.

700 PS AN DER HINTERACHSE

Denn den echten 911 GT2 RS stellt der Hersteller erst gut zwei Wochen später, beim Goodwood Festival of Speed vor. Auf der 1,86 Kilometer kurzen Rennstrecke auf dem Anwesen des Earl of March demonstriert das Auto Klang, Tempo und Traktion. Mehrere Fahrer, darunter Rallye-Legende Walter Röhrl, führen den Zuschauern den bis dato schnellsten straßenzugelassenen Porsche vor.

Den Umweg eines 911 GT2 ohne RS spart sich Porsche bei der Generation 991. Der GT2 RS ist das einzige Auto, das der Hersteller im Leistungsspektrum oberhalb des 911 Turbo S positioniert. Mit einer Leistung von 580 PS (607 PS im 911 Turbo S Exclusive) bleibt dort auch nicht genug Platz für zwei stärkere GT-Fahrzeuge.

WASSERAUFSPRITZUNG FÜR DIE LADELUFTKÜHLER

Zumal während der zweieinhalbjährigen Entwicklung des neuen 911 GT2 RS – Spitzname: King Kong – zunächst nicht klar ist, ob der überhaupt einen angemessenen Abstand zum 911 Turbo S herstellen kann. Jörg Kerner, Chef der Antriebsentwicklung, gibt früh im Projekt einen ernüchternden Ausblick. 620, vielleicht 640 PS seien möglich. Damit wäre der neue GT2 RS kaum stärker als der alte, wenn überhaupt. Bei ersten Testfahrten ist der Vorgänger sogar schneller.

Andreas Preuninger, Leiter für GT-Fahrzeuge, möchte trotzdem mehr Kraft in seinem neuen Auto. 700 PS müssen es sein, findet er. Begrenzender Faktor ist nicht die Stabilität des Motors, sondern die verfügbare Menge kalter, sauerstoffreicher Luft. Denn nur wenn genügend Sauerstoff in den Brennräumen ankommt, kann der Motor eine derart hohe Leistung produzieren. In der Praxis lässt sich aber die konstante Versorgung für 700 PS in der geplanten Applikation nicht garantieren. Vor allem bei hohen Außentemperaturen fällt bei kontinuierlicher Beanspruchung die Leistung ab.

Ein alter Lancia liefert die Lösung für das Problem: Der Lancia Delta Integrale Evoluzione 16V verfügt über ein spezielles System zur Ladeluftkühlung. Preuningers Team entscheidet sich für den gleichen Weg. Wenn die Luft im Saugrohr wärmer als 50 Grad Celsius ist, der Motor schneller als 3.000 Touren dreht und das Gaspedal zu mehr als 90 Prozent getreten wird, kühlt ein Wasserauf-

„King Kong“ auf dem Nürburgring: Der 911 GT2 RS stellt alle bisherigen Bestzeiten ein.

sprühsystem die Ladeluftkühler und damit die Ansaugluft des 911 GT2 RS. Mit diesem Trick gelangt wieder ausreichend Sauerstoff in die Brennräume. Das Ergebnis: Bei allen Temperaturen liegen 700 PS an.

GROSSE TURBOLADER IM 911 GT2 RS

Der stärkste 911-Motor basiert auf dem 3,8-Liter-Aggregat des aktuellen 911 Turbo. Nicht nur wegen der ungewöhnlichen Ladeluftkühlung steckt im Antrieb viel Hirnschmalz: „Das ist alles andere als ein gechipter Turbo“, erklärt Preuninger bei der Presse-Präsentation des Autos auf der Rennstrecke in Portimão, Portugal. Es ist viel mehr als eine bloße Anpassung der Software nötig, um das Leistungsniveau zu erreichen.

Das Motorenteam adaptiert je Zylinderbank einen Turbolader des 718 Boxster bzw. Cayman S. Es handelt sich um große Lader mit variabler Turbinengeometrie für ein besseres Ansprechverhalten. Der Ladedruck steigt von 1,3 bar (911 Turbo) auf 1,55 bar (911 GT2 RS). Spezielle Kolben senken die Verdichtung von 9,5:1 auf 9,0:1, um den Motor auf die zusätzlichen Belastungen vorzubereiten. Mit Blick auf Stabilität, Leistung und Charakter sagt der GT-Chef Preuninger stolz: „Das ist einer der besten GT-Motoren, die wir je gemacht haben.“

Preuninger hat weitere Anforderungen an den Motor. Er möchte, dass sein Auto nicht Turbo-typisch auf einer Drehmomentwelle surft. Es soll explosiv hoch drehen und zusätzliche Drehzahl mit noch mehr Leistung belohnen. Entsprechend ungewöhnlich fällt der Drehmomentverlauf aus. Er beschreibt eine echte Kurve, die nur ein kurzes Plateau aufweist. Martin Urbanke schwärmt im Test für *Autozeitung*: „Die Charakteristik des 700-PS-Kraftwerks ähnelt der eines frei atmenden Saugers – nur eben mit viel, viel mehr Schub in allen Lagen.“

SOUND WIE IM PORSCHE 930

Zudem soll das sportliche 911-Spitzenmodell nicht wie ein aktueller 911 Turbo klingen. Am liebsten hätte Preuninger den Sound des legendären 930, des ersten 911 Turbo von 1974. Um den zu realisieren, probiert er etwas Ungewöhnliches: Er lässt einen Prototyp ohne Schalldämpfer fahren. Die Abgasanlage besteht nur aus Krümmern, Turbos, Katalysatoren und Endrohren. „Es hat nicht viel gefehlt“, schmunzelt Preuninger rückblickend. Für die Lärmschutzgesetze ist diese Konstruktion aber etwas zu laut.

Das Serienauto bekommt daher einen leichten Titan-Schalldämpfer. Auch, um unerwünschtes Dröhnen in bestimmten Lastbereichen zu beseitigen. Der Schalldämpfer verfügt allerdings über eine Klappenschaltung, die eine Abgasführung nach Vorbild des Sound-Prototyps herstellt. Das kann man sogar sehen. Mit geöffneten Auspuffklappen ist der Blick auf die Katalysatoren frei. Bei starker Beanspruchung leuchten sie glutrot durch die Endrohre.

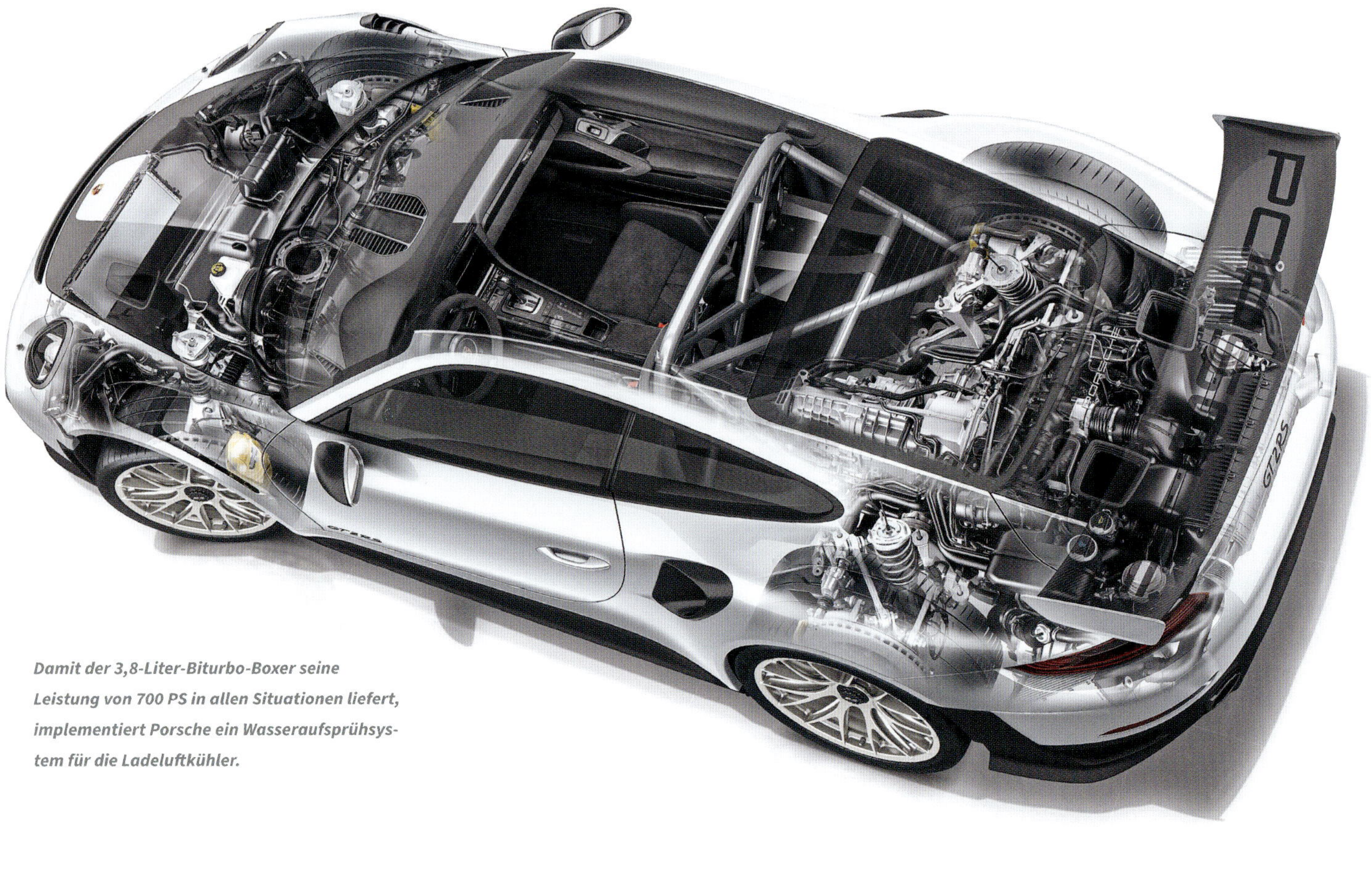

Damit der 3,8-Liter-Biturbo-Boxer seine Leistung von 700 PS in allen Situationen liefert, implementiert Porsche ein Wasseraufsprühsystem für die Ladeluftkühler.

Limitierte Platzverhältnisse: Auf engstem Raum sitzen Krümmer, Turbolader, Katalysator und Endschalldämpfer zwischen Motor und Heckschürze.

Um 700 PS im 911 GT2 RS zu realisieren, adaptiert Porsche zwei Turbolader vom 718 Boxster bzw. Cayman S.

Die Luftauslässe in den Kotflügeln übernimmt der 911 GT2 RS vom 911 GT3 RS.

Anders als beim Vorgänger gibt es im neuen Auto kein manuelles Getriebe. Das Entwicklerteam adaptiert das Siebengang-Doppelkupplungsgetriebe (PDK) aus den Carrera-Modellen, genau wie schon vorher beim 911 GT3 RS. Wie dort implementiert das Team die von anderen Herstellern bekannte Funktion „Paddle-Neutral“. Zieht der Fahrer gleichzeitig an beiden Schaltwippen am Lenkrad, öffnen beide Kupplungen. Damit rückt die Automatik gefühlt ein Stück in Richtung Schaltgetriebe – und erlaubt sogar Unfug, wenn es der Fahrer denn wünscht.

KEIN ALLRAD IM GT2 RS

In Anbetracht der enormen Motorleistung diskutiert Porsche intern die Möglichkeit, das Auto mit Allradantrieb auszurüsten. Preuninger lehnt diese Idee ab. Er möchte ein leichtes und puristisches Auto – Gewicht zählt mehr als überragende Traktion. Fahrwerk- und Reifenentwickler stimmen zu, weil sie ein Fahrzeug mit Heckantrieb präziser abstimmen können. Zudem ergeben Berechnungen, dass eine zweite Antriebsachse den GT2 RS nicht schneller macht. Nicht einmal beim Sprint zeigt der Heckantrieb echte Defizite. Porsche gibt an, dass der

Porsche stellt mit dem 911 GT2 RS drei Rekorde am Nürburgring auf. Im September 2017 absolviert Werksfahrer Lars Kern die 20,6 Kilometer der Nordschleife im Serienmodell in 6:47,25 Minuten. Gut ein Jahr später legt er im von Manthey-Racing optimierten Fahrzeug nach und schafft dieselbe Distanz in 6:40,3 Minuten. 2021 unterbietet er seine Zeit erneut: Im 911 GT2 RS MR benötigt er nur noch 6:38,84 Minuten. Damit sichert sich Porsche – zumindest für kurze Zeit – den Titel als schnellster straßenzugelassener Sportwagen am Ring.

911 GT2 RS in 2,8 Sekunden auf Tempo 100 beschleunigt. *Auto Bild* misst im Test sogar eine Zehntelsekunde weniger für den Standardsprint. Großen Anteil an diesen Werten haben die speziell angefertigten Reifen namens Michelin Cup 2 R, aufgezogen in den Größen 265/35ZR20 und 325/30ZR21.

Im Fahrwerk kommen ausschließlich Uniball-Lager zum Einsatz. Die lassen weniger Spiel zu und präzisieren das Fahrverhalten. Viele Fahrwerkskomponenten stammen vom 911 GT3 RS, darunter die Hinterachslenkung. Höhe, Sturz, Spur und Stabilisatoren lassen sich verstellen. Neu sind leichte Federn, ergänzt um Helper-Springs für eine stetige Vorspannung. Eine leichte Keramik-Bremsanlage gehört zum Serienumfang.

In der Pressemappe beschreibt Porsche die Auslegung des 911 GT2 RS so: „Die Federraten von Schrauben- und Torsionsfedern sind wie im Motorsport ausgelegt. Was der Fahrer an Komfort einbüßt, gewinnt er mehrfach an Querstabilität."

ANPRESSDRUCK UND LEICHTBAU

Aerodynamik- und Leichtbauelemente übernimmt der 911 GT2 RS ebenfalls zu großen Teilen vom 911 GT3 RS von 2015. In einigen Punkten optimiert ihn das GT-Team allerdings. Zum Beispiel erhält er einen größeren Heckflügel. Hutzen in der Fronthaube führen Kühlungsluft zu den Vorderachsbremsen, ohne den c_W-Wert zu verschlechtern. Breitere Seitenschweller vergrößern die Fläche des Unterbodens. Dadurch entsteht ein größerer Unterdruck unter dem Auto.

PORSCHE
BB EM 6473

In Straßeneinstellung generiert der 911 GT2 RS bei 340 km/h einen Abtrieb von 340 Kilogramm. Mit den Spoilern im Motorsport-Modus beträgt der Abtrieb sogar 450 Kilogramm bei Höchstgeschwindigkeit. Dank des enormen Drehmoments von 750 Newtonmetern wird er dabei auf der Geraden kaum langsamer.

Das Dach besteht aus Magnesium, Kotflügel, Fronthaube, Lufthutzen und viele Kleinteile im Innenraum aus Karbon. Front- und Heckverkleidung baut Porsche aus leichtem Polyurethan. Bei Heck- und Seitenscheiben setzt der Hersteller Leichtbauglas ein. Das wiegt ungefähr so viel wie Polykarbonat, ist aber resistenter gegen Kratzer und Bruch. Soundsystem und Klimaanlage sind auf Wunsch nicht an Bord, um weiteres Gewicht zu sparen. Im Idealfall wiegt das Auto ohne Fahrer 1.470 Kilogramm.

Sein Optimalgewicht erreicht der 911 GT2 RS nur gegen Aufpreis. Das Weissach-Paket, bereits im Porsche 918 Spyder eine Option, senkt das Gewicht des Autos um weitere 30 Kilogramm. Zum Paket gehören Felgen aus Magnesium (minus 11,5 Kilogramm) und ein Überrollbügel aus Titan (minus 9,5 Kilogramm). Hinzu kommen Frontdeckel, Dach, Stabilisatoren, Koppelstangen und Innenraumteile aus Karbon sowie ein leichterer Teppich. Der Aufpreis: 29.750 Euro.

REKORD AUF DER NORDSCHLEIFE

So ausgerüstet, bricht der 911 GT2 RS auf der Nordschleife des Nürburgrings den Rekord für Straßenfahrzeuge. Porsche-Werksfahrer Lars Kern fährt am 20. September 2017 die 20,6 Kilometer lange Vergleichsstrecke in 6:47,3 Minuten. Damit unterbietet er sogar die Bestzeit seines Kollegen Marc Lieb im Porsche 918 Spyder aus dem Jahr 2013 (6:57 Minuten).

Christian Gebhardt beschreibt im Test von *sport auto* das Verhalten des 911 GT2 RS auf der legendären Eifel-Strecke: „Für die phänomenale Rundenzeit ist vor allem die gute Fahrbarkeit des Biturbo-RS verantwortlich. Die Fahrwerksabstimmung mit hohem mechanischem Grip und das Aerodynamikkonzept mit vergleichsweise viel Abtrieb verleihen dem Power-Elfer ein weitgehend neutrales Fahrverhalten. Für die gute Fahrbarkeit ist auch die sehr gute Regelabstimmung der Hinterachslenkung, der elektronisch geregelten Hinterachsquersperre, des ABS und nicht zuletzt der Traktionskontrolle verantwortlich.“ Die Rundenzeit des Redakteurs: 6:57 Minuten.

Die starke Konkurrenz fordert den 911 GT2 RS wiederholt heraus. Erst unterbietet ihn Lamborghini mit dem Aventador SVJ LP770-4 (6:44,97 Minuten), dann Mercedes mit dem AMG GT Black Series (6:43,62 Minuten). Porsche holt sich den Titel zurück: Gemeinsam mit dem Rennstall Manthey-Racing entsteht der 911 GT2 RS MR mit Modifikationen an Aerodynamik und Fahrwerk. Lars Kern verbessert im Juni 2021 mit diesem Auto seine Zeit auf 6:38,84 Minuten.

Am 28. Oktober 2022 stellt Profirennfahrer Maro Engel mit einem gut 1000 PS starken Mercedes-AMG One eine neue Fabelzeit auf: 6:30,705 Minuten. Für den Vorsprung von etwas mehr als acht Sekunden konstruiert Mercedes allerdings einen Formel-1-Renner mit Straßenzulassung. Sein Listenpreis: 3,27 Millionen Euro – das Zehnfache eines 911 GT2 RS mit Manthey-Upgrade.

Der stärkste 911 fühlt sich viel roher an als die schwächeren Derivate.

Das optionale Weissach-Paket streicht insgesamt 30 Kilogramm, unter anderem mit einem Überrollbügel aus Titan.

20

PORSCHE 935

DIE RÜCKKEHR VON „MOBY DICK“

Auf Basis des 911 GT2 RS entsteht ein ganz besonderes Auto. Porsche baut ihn im Jahr 2018 im Stil der 1970er-Jahre-Rennwagen um. Konkret erinnert seine Form an die des Porsche 935/78. Fans nennen den Le-Mans-Rennwagen seinerzeit wegen seiner gestreckten Form, der imposanten Verbreiterungen und der weißen Karosserie liebevoll Moby Dick.

Den neuen 935 schenkt Porsche sich und seinen Fans zum großen Sportwagen-Jubiläum. Am 8. Juni 1948 erhält der Porsche 356 Nr. 1 eine Betriebserlaubnis. Gut 70 Jahre später feiert der Hersteller den runden Geburtstag mit der limitierten Sonderedition. Kurios: Ausgerechnet dieses Auto erhält keine Betriebserlaubnis.

Der neue Porsche 935 ist ein Clubsport-Fahrzeug ohne Straßenzulassung und Homologation. Er folgt keinen Motorsportregeln. Deshalb eignet er sich nur für Clubsport-Veranstaltungen oder Rennstrecken-Trainings – wenn er tatsächlich bewegt wird. Auf der Straße oder gar bei einem Langstreckenrennen darf er nicht fahren. Streng genommen ist er also ein Auto ohne Sinn und Zweck. Das schadet aber nicht seiner Faszination.

Porsche zitiert mit ihm die wichtigen Meilensteine der eigenen Motorsporthistorie. Vom Schaltknauf in Holz-Optik (909 Bergspyder, 917) über Titan-Endrohre (908), schmale LED-Bremslichter (919 Spyder) und aerodynamisch verkleidete Felgen (935) bis hin zum Karbon-Lenkrad (911 R) hat er etliche Details an Bord, die zur Marke gehören.

Viele Teile des Chassis und den Antrieb übernimmt der 935 vom 911 GT2 RS. Mit einem eingeschweißten Käfig, Anbauteilen aus Karbon, einer Stahlbremsanlage samt Rennbelägen und breiten 18-Zoll-Felgen macht Porsche das Auto fit für die Rennstrecke. Einen weißen Grundlack gibt es serienmäßig, optional mit Martini-Dekor. Porsche limitiert den 935 auf 77 Exemplare. In Deutschland kostet das Auto 835.318,12 Euro.

PORSCHE
MARTINI

2018

PORSCHE 911 GT3 RS

Beinahe schafft es eine geschichtsträchtige Zahlenfolge in den gelifteten 911. Porsche erprobt vor dem Serienstart des Autos Boxermotoren mit 2,7 Litern Hubraum. Dieser markiert 1972 die sportliche Spitze im 911 Carrera RS 2.7. Wenig später wird er zum Standard im 911. Fast kommt das Maß im neuen 911 Carrera zurück. Die Entwickler entscheiden sich jedoch für Motoren mit 3,0 Litern Hubraum. Zum ersten Mal in der 911-Geschichte sind sie auch unterhalb des 911 Turbo mit Turboladern ausgerüstet.

Während Porsche in den 911-Basismodellen Turbolader etabliert, bekommt der 911 GT3 RS einen schärferen Saugmotor.

Für die Sicherheit: Der Überrollbügel ist in Europa serienmäßig an Bord. Er lässt sich ohne Aufpreis abwählen.

Kein Rekord, aber ein Grund zum Feiern: Der 911 GT3 RS braust in weniger als sieben Minuten um die Nürburgring-Nordschleife.

9.000 TOUREN

Während Porsche so in den 911-Basismodellen die größte technische Veränderung seit der Einführung der Wasserkühlung vollzieht, bleibt im 911 GT3 RS augenscheinlich vieles beim Alten. Das neue Modell bleibt dem hoch drehenden Saugmotor treu. Trotzdem verändert sich das Auto zur Modellpflege stark. Im Datenblatt ist das vor allem an einer Zahl ersichtlich: Die Höchstdrehzahl des Motors beträgt nun 9.000 U/min.

Diese Zahl ist symbolträchtig, besonders in der Kommunikation. Dass der neue 4,0-Liter-Saugmotor des GT3 RS so hoch dreht, begeistert jeden Motorsportfan. Aber genau wie Höchstgeschwindigkeit (312 km/h) und Beschleunigung (3,2 Sekunden bis Tempo 100) ist sie nur ein angenehmer Nebeneffekt, nicht aber das Entwicklungsziel. Denn das ist Effizienz.

Viele kleine Detailverbesserungen machen im GT3 RS einen großen Unterschied: Das neue Auto fährt deutlich schneller.

EIN FAST NEUER MOTOR

Porsche erreicht die hohe Drehzahl mit einer konstruktiven Neuerung. Der Motor verfügt über einen starren Ventiltrieb. Der hydraulische Ventilspielausgleich entfällt. Auf diese Weise erleichtert Porsche den Ventiltrieb enorm. Anders als früher muss im neuen 911 GT3 RS nicht regelmäßig das Ventilspiel manuell angepasst werden. Die Werkseinstellung ist gut für 300.000 Kilometer Laufleistung – quasi auf Lebenszeit.

Den größten Nachteil eines starren Ventiltriebes räumen die Ingenieure also aus dem Weg. Sie können nun von den Vorteilen profitieren. Denn die leichten Schlepphebel erlauben mehr Drehzahl. Und der Motor benötigt in den Zylinderköpfen viel weniger Öl. Daraus folgen reduzierte Ölvolumina und ein reduzierter Öldruck. Die Ölpumpe muss weniger arbeiten.

Um diese Modifikation umsetzen zu können, baut Porsche neue Zylinderköpfe. Sie verfügen über die bekannten Brennräume und Ventile, aber Modifikationen bei Ventiltrieb und Ölkreislauf. Zusätzlich kommen schmalere Kolbenringe und eine neue Beschichtung der Zylinderlaufbahnen zum Einsatz. All diese Maßnahmen reduzieren die innere Reibung enorm. Andreas Preuninger, Leiter der GT-Fahrzeuge, fasst zusammen: „An dem Motor geht alles leichter. Wir haben ihn entdrosselt, also die Reibleistung, den inneren Widerstand deutlich reduziert."

Die höhere Abregeldrehzahl des Motors ermöglicht in Kombination mit neuen Nockenwellen mehr Leistung. Der 4,0-Liter-Saugmotor leistet nun 520 PS und 470 Newtonmeter. Preuninger: „Da war viel Renntechnik drin, die man dem Motor unglaublich angemerkt hat. Obwohl wir nominal nur 20 PS mehr hatten, fuhr das Auto ganz anders."

FEINSCHLIFF BEI AERODYNAMIK, FAHRWERK UND GETRIEBE

Drei Jahre nach dem ersten 911 GT3 RS des Typs 991 verfügt Preuningers Team über viel Erfahrung mit dem 991. Das neue Auto bekommt den großen Heckflügel des 911 GT2 RS und seine neue Luftführung an der Front. Hutzen im Haubendeckel versorgen die Vorderachsbremsen mit Frischluft. Alle Lufteinlässe im Bugteil arbeiten nun für die Aerodynamik. Bei Höchstgeschwindigkeit erzeugt das Auto insgesamt fast 500 Kilogramm Abtrieb. Das Fahrwerk adaptiert Porsche ebenfalls vom 911 GT2 RS. Anders als beim direkten Vorgänger kommen nun keine elastokinematischen Lager mehr zum Einsatz, sondern ausschließlich Uniball-Lager. Diese Maßnahmen sorgen „für eine nochmals höhere Präzision". In der Aufpreisliste stehen außerdem Reifen des Typs Michelin Cup 2 R.

Zum Feinschliff gehört im 911 GT3 RS mittlerweile auch die Programmierung. Die Neuauflage bekommt eine überarbeitete Lenkungskennlinie und kürzere Schaltzeiten im Siebengang-Doppelkupplungsgetriebe. „Wir haben in vielen Bereichen zehn bis 15 Prozent geholt. In Summe ergab das dann eine ganze Menge", beschreibt Preuninger die Entwicklung des Autos.

BEEINDRUCKENDE KRITIKEN

Wie sehr sich das Auto mit diesen Modifikationen verändert, beweist Porsche im April 2018. Rennfahrer Kévin Estre umrundet die Nordschleife des Nürburgrings in 6:56,4 Minuten – 24 Sekunden schneller als der direkte Vorgänger, und eine Minute schneller als der 911 GT3 von 1999. „Vor allem in den schnellen Kurven und beim Bremsen ist der GT3 RS unglaublich nah dran an unserem Rennwagen GT3 R", sagt

LB XQ 229

Estre nach seiner Rekordrunde. Für den Test von *sport auto* fährt Christian Gebhardt im neuen 911 GT3 RS kaum langsamer um die Nordschleife. Seine Rundenzeit beträgt 7:05 Minuten. Gebhardt fasst zusammen: „Der fahrdynamische Perfektionsgrad, den der Kurvenheld 911 GT3 RS mittlerweile erreicht hat, ist einfach nur sensationell. Die Fahrbarkeit auf der Rennstrecke ist fantastisch. Dahinter steckt viel Detailarbeit, die höchstes Lob an die Entwickler verdient. Ein Beispiel hierfür ist die ABS-Abstimmung. Nicht nur auf diesem Themenfeld ist die GT-Mannschaft von Porsche der Konkurrenz mittlerweile weit enteilt."

Paul Englert hebt im Test der *Autozeitung* die Belastungen für den Fahrer hervor: „Der Porsche 911 GT3 RS Typ 991.2 ist der dynamischste und gleichzeitig ausgewogenste Supersportwagen, den ich je getestet habe. Porsches Entwicklungsabteilung hat es geschafft, aus den komplexen Systemen Lenkung, Fahrwerk, Aerodynamik und Antrieb ein solch harmonisches Ensemble zu komponieren, dass es im Grunde keine Steigerung geben kann. Das eigentliche Highlight in diesem Test aber ist der Michelin Pilot Sport Cup 2 R, der den Elfer noch einmal auf ein höheres fahrdynamisches Level hebt. Nach knapp 15 Rennstrecken-Runden kann ich nur zugeben: Dieses Ding macht einen echt fertig!"

ERSTMALS MIT WEISSACH-PAKET

Die besten Fahrleistungen erreicht der 911 GT3 RS in seiner leichtesten Form. Die gibt es nun, wie bereits in 918 Spyder und 911 GT2 RS, als Extra. Das Weissach-Paket enthält Leichtbau-Elemente, die nicht im Serienumfang enthalten sind. Mit einer Gewichtsersparnis von insgesamt 30 Kilogramm spitzt es das Auto weiter für den Einsatz auf der Rennstrecke zu. Der Paketumfang deckt sich mit dem des GT2 RS. Für 17.850 Euro Aufpreis wiegt der 911 GT3 RS nur noch 1.430 Kilogramm.

Wie bisher bietet Porsche ohne Aufpreis das Clubsport-Paket im 911 GT3 RS an. Es umfasst einen Überrollbügel aus Stahl, einen Feuerlöscher, eine Vorrüstung für einen Batterie-Trennschalter und einen Sechspunktgurt für den Fahrer.

GRÜN VON DER G-SERIE

Zur Publikumspremiere auf dem Genfer Salon zeigt sich der neue 911 GT3 RS in der Farbe Lizardgrün. Designerin Barbara Sika erklärt dem Porsche-Magazin *Christophorus* die Taktik hinter der auffälligen Farbe: „Der lizardgrüne 911 GT3 RS soll den Menschen ins Auge fallen und sie in den Showroom ziehen."

Dass das Auto diesen Farbton trägt, liegt an einem Zufall. Im Jahr 2015 besucht Andreas Preuninger die „Rennsport Reunion", eine von Porsche organisierte Veranstaltung in Laguna Seca. Dort fällt ihm das Porsche 911 G-Modell eines Besuchers auf dem Parkplatz auf. Die Farbe des gelbgrün lackierten Autos begeistert ihn so sehr, dass er ein Foto davon aufnimmt und in die Designabteilung schickt. Dort wird aus dieser Inspiration die Kommunikationsfarbe für den 911 GT3 RS. Er zeigt sich bei jeder Gelegenheit in Lizardgrün. Alternativ verkauft Porsche das Auto in Weiß, Schwarz, Indischrot, Racinggelb, GT-Silbermetallic, Kreide, Miamiblau oder Lavaorange.

Den Heckflügel übernimmt der 911 GT3 RS vom GT2 RS. Sein neuer Motor leistet 20 PS mehr als der Vorgänger.

992

PORSCHE BEREITET DIE BAUREIHE 911 AUF DIE ZUKUNFT VOR. BEIM MODELLWECHSEL VON TYP 991 AUF 992 BEHÄLT DER SPORTWAGEN SEINE GRUNDLEGENDE ARCHITEKTUR BEI.

RS
Tribute to Carrera RS
MICHELIN

Dennoch verändert sich das Auto. Ein neu entwickeltes Achtgang-Doppelkupplungsgetriebe ist in der Lage, einen Elektromotor aufzunehmen. Doppelte Böden in der Karosserie schaffen Platz für Akkus. Der 911 ist seit 2019 hybridfähig, vorerst aber nicht hybridisiert.

Die Maße des 911 verändern sich beim Modellwechsel kaum. Sein Bugteil trägt zwei Zentimeter mehr auf als beim Vorgänger, damit das Auto bei Fußgängerschutz und Assistenz mithalten kann. Zu den neuen Spielereien zählen ein Nachtsichtgerät und ein automatischer Nässe-Modus. Alle Blechteile des 992 sind neu, auch wenn sie nicht danach aussehen. Seine Scheinwerfer stehen etwas steiler, die Rückleuchten werden flacher. Die schmale Heckantrieb-Karosserie entfällt, bereits der 911 Carrera bekommt breite Allrad-Hüften.

Ein Geschenk zum runden Geburtstag: Zum 50. Jahrestag des 911 Carrera RS 2.7 debütiert der 911 GT3 RS des Typs 992 mit einer klassischen Farbgebung.

Im Innenraum wird der 911 digital. Nur noch der nach wie vor zentral positionierte Drehzahlmesser zeigt analog an. Um ihn herum übernehmen Displays die Aufgaben der Uhren. Das Infotainmentsystem übernimmt der 911 von den Frontmotor-Fahrzeugen Panamera und Cayenne. In diesem Zusammenhang verschwinden viele Tasten aus dem Innenraum. Ihre Funktionen verstecken sich nun in Menüs.

Umfangreiche Veränderungen an den bekannten Motoren senken den Partikelausstoß und verbessern die Spontanität bei der Gasannahme. Die Basismotorisierung der Generation 992 leistet nun 385 PS. Der 911 Turbo S erreicht mit 650 PS beinahe das Niveau des ausgelaufenen 911 GT2 RS. Und die GT-Abteilung arbeitet an neuen, extremen RS-Modellen.

PORSCHE 911 GT3 RS

Im Porsche-Portfolio nimmt der 911 GT3 RS eine besondere Position ein. Performance ist für ihn wichtiger als Komfort. Auf eine Rückbank verzichtet er seit seiner ersten Auflage. In der Generation 992 gehen die Entwickler noch einen Schritt weiter: Das GT-Team streicht den kleinen Kofferraum unterm Frontdeckel.

TEMPO VOR KOFFERRAUM

Wo normale 911 zumindest Handgepäck transportieren können, temperiert im neuen 911 GT3 RS ein großer Kühler die Betriebsflüssigkeiten. Kein großer Verlust in einem RS-Modell, aber eine große Veränderung im Konzept des Fahrzeugs. Denn dieser Umbau ist der erste Baustein in einem komplizierten Aerodynamik-Mosaik, das das Modell zum wohl sportlichsten, jemals gebauten Porsche mit Straßenzulassung macht.

Bisher verteilt Porsche in allen straßenzugelassenen 911 drei Kühler hinter der Bugschürze. Im 911 GT3 RS stehen aber selbst solche Konstanten zur Debatte. Denn um sich spürbar von den Vorgängern abzusetzen, muss sich das Auto verändern. Ein wichtiger Ankerpunkt ist erneut die Aerodynamik. „Wir waren gut 250 Stunden im Windkanal, mehr als doppelt so lange wie beim Vorgänger“, berichtet Porsches GT-Leiter Andreas Preuninger.

860 KILOGRAMM ABTRIEB

Der neue GT3 RS leitet den Fahrtwind so präzise wie keiner seiner Vorgänger. Hutzen in der Fronthaube lenken die warme Kühler-Abluft zu den Flanken des Fahrzeugs. Finnen an den Dachkanten gewährleisten, dass sie nicht in den Ansaugtrakt gerät, sondern am Auto vorbei strömt. Stattdessen atmet der Motor kalte Frischluft ein.

Teil der ausgeklügelten Aerodynamik: Das Ein-Kühler-Konzept mit S-förmiger Luftdurchströmung des Vorderwagens (S-Duct-Layout).

Zum ersten Mal überragt der Heckspoiler eines Serien-Porsche das Dach des Autos.

Die Lufthutzen in den Seitenteilen sammeln im Typ 992 nicht mehr die Prozessluft. Stattdessen verbessern sie die Aerodynamik.

Jede Öffnung an der Karosserie des 911 GT3 RS hat eine Funktion. Einzige Ausnahme: zwei Blinddeckel am Heck des Fahrzeugs. Porsche beschriftet sie mit „No Vent“ – keine Hutze.

50 Jahre Unterschied: 911 Carrera RS 2.7 (1972) und 911 GT3 RS (2022) sind aerodynamische Vorzeigeautos ihrer Zeit. Während am Anfang der RS-Historie des Porsche 911 noch ein kleiner Bürzel am Heck genügt, verfügt das aktuelle Spitzenmodell über aktive Luftleitsysteme und umfangreiche Umbaumaßnahmen für eine ideale Luftführung.

Der Typ 992 greift eine Idee auf, die während der Entwicklung des GT3 RS (991.1) aufkommt. Das Auto verwendet erneut die Karosserie des 911 Turbo mitsamt der seitlichen Einlässe. Die sammeln nun aber nicht mehr die Ansaugluft für den Motor, sondern leiten die Luft um die Radhäuser nach hinten. Auf diese Weise tragen sie zum Abtrieb des Autos bei. Preuninger erzählt von der Aufgabenteilung: „Die Aero kommt von der Motorsport-Abteilung, die auch die GT-Rennwagen entwickeln. Das merkt man auf jedem Meter, der GT3 RS fährt extrem präzise."

Das Mittenkühlerkonzept stammt direkt aus den Rennwagen 911 RSR und 911 GT3 R. Mit einem großen Kühler unter der Fronthaube bleibt in der Fahrzeugfront Platz für eine optimierte Luftführung. In Kombination mit dem neuen Heckflügel, der zum ersten Mal über das Fahrzeugdach hinausragt, entsteht bei 200 km/h ein Anpressdruck von 409 Kilogramm. Bei einer Geschwindigkeit von 285 km/h generiert das Auto sogar 860 Kilogramm Abtrieb. Preuninger zieht einen abstrakten Vergleich: „Dann sitzen zwei Pferde auf dem Dach."

DRAG-REDUCTION AUS DER FORMEL 1

Der enorme Abtrieb bedeutet auf langen Geraden ein Defizit. Porsche konstruiert für den 911 GT3 RS deshalb eine Möglichkeit, den Abtrieb temporär zu reduzieren. Aktive Aerodynamik-Elemente hinter der Frontschürze und am Heckflügel lassen sich auf Knopfdruck in eine Position bringen, die den Luftwiderstand reduziert – das Auto wird windschlüpfiger. Es handelt sich um ein sogenanntes „Drag-Reduction-System" (DRS), wie es in der Formel 1 und der DTM eingesetzt wird. Zudem verfügt das System über eine wichtige Funktion. „Das DRS regelt und synchronisiert die Flügel in einem Drittel einer Sekunde für die permanente, optimale Aero-Balance", erklärt Preuninger. „Die Aero-Balance mit 70 Prozent hinten und 30 Prozent vorn bleibt immer konstant, ganz gleich ob beim Beschleunigen, Bremsen oder in Kurven. Damit fährt der GT3 RS wie auf Schienen und liegt ganz nah am RSR."

Die aktive Aerodynamik unterstützt Vollbremsungen selbstständig mit einer Air-Brake-Funktion. Damit reduziert sich der Bremsweg aus 200 km/h um 2,5 Meter. Mit der Luftführung in windschlüpfiger Stellung kommt das Auto wiederum schneller auf Tempo. „Piloten können das System mittels DRS-Schalter am Lenkrad regeln. Oder das System regelt sich bei Bedarf auch automatisch", fasst Preuninger zusammen.

Die Kunden und Fans des 911 GT3 RS wünschen sich stets mehr optische Nähe zum Motorsport. Deshalb hat jede Öffnung, jedes Gitter, jede Hutze an der Karosserie des neuen 911 GT3 RS eine Funktion. Mit einer Ausnahme: Außen am hinteren Stoßfänger befindet sich eine blinde Öffnung. Auf ihr stehen die Worte „No Vent" – keine Entlüftung. Selbst im kompromisslosen Sport-Porsche ist Platz für ein kleines Easter-Egg.

Das Spoilerwerk des neuen 911 GT3 RS produziert einen Abtrieb von bis zu 860 Kilogramm.

Neue Tasten am Lenkrad des 911 GT3 RS verstellen wichtige Parameter. Dazu gehören …

… Zug- und Druckstufe des Fahrwerks sowie die Auslegung der Traktionskontrolle.

UNMITTELBARE FAHRWERKS-VERSTELLUNG

Neben der Aerodynamik lassen sich weitere Elemente des 911 GT3 RS vom Fahrersitz aus einstellen. Neue Drehräder am Lenkrad steuern wichtige Funktionen, die das Fahrverhalten beeinflussen. Dazu gehört die Verstellung von Zug- und Druckstufe der Stoßdämpfer, separat für Vorder- und Hinterachse. Üblicherweise werden solche Einstellungen mechanisch an den Stoßdämpfern vorgenommen. Ebenso lassen sich Quersperre (getrennt für Last- und Schiebbetrieb), Traktionskontrolle und ESP am Lenkrad anpassen.

Das Fahrwerk selbst optimiert Porsche ebenfalls. Die Querlenker der Vorderachse sind in Tropfenform ausgeführt, um zum Abtrieb beizutragen. Zudem taucht das Auto beim Bremsen weniger ein als der Vorgänger. Um dies zu realisieren, versetzen die Fahrwerksingenieure das vordere Kugelgelenk des unteren Längslenkers weiter nach unten und passen auch die Hinterachsfederung an. Damit verbessern sie die Fahrzeugbalance.

Der 911 GT3 RS des Typs 992 schafft es trotz 525 PS nicht auf Tempo 300. Dafür brilliert er mit einer einzigartigen Aerodynamik.

NUR AUF DER GERADEN LANGSAMER

Ein neuer 911 GT3 RS muss seinen Vorgänger auf dem Datenblatt nicht unbedingt übertreffen. Er muss ihn aber auf der Rennstrecke unterbieten. Entwicklungsziel ist stets ein besser fahrbares Auto. Ego-relevante Dimensionen wie Höchstgeschwindigkeit und Beschleunigung zählen kaum. Deshalb wird es wohl keinen Kunden enttäuschen, dass der 911 GT3 RS des Typs 992 höchstens 296 km/h schnell fährt, 16 km/h langsamer als das vorherige Modell. Denn ein paar km/h mehr am oberen Ende der Skala nutzen auf der Rennstrecke wenig. Viel Anpressdruck in den Kurven und mehr Durchzug beim Beschleunigen helfen hingegen sehr. Deshalb entscheidet sich Porsche lieber für die extreme Aerodynamik und eine kurze Übersetzung des Siebengang-Doppelkupplungsgetriebes, das aus dem Vorgänger adaptiert wird.

Der Motor des 911 GT3 RS basiert noch auf dem des Vorgängers. Er leistet nun 525 PS, ein knappes Prozent mehr als bisher. In seiner aktuellen Form verfügt er über optimierte Nockenwellenprofile, eine verbesserte Einzeldrosselanlage und weiterhin über einen starren Ventiltrieb. Wie bisher dreht er bis maximal 9.000 Touren. Mit mehr Drehzahl könnte er die Abgasvorschriften nicht einhalten.

PORSCHE

Seine Bestzeit auf der Nordschleife stellt der 911 GT3 RS trotz Gegenwind und kaltem Asphalt auf.

Besonders die aktive Aerodynamik verhilft dem 911 GT3 RS auf der Nürburgring-Nordschleife zu einer beeindruckenden Rundenzeit.

ZUM ERSTEN MAL MIT KARBON-TÜREN

Leichtbau bleibt ein wichtiges Thema für den 911 GT3 RS. Wie seine Vorgänger setzt das neue Modell auf Karbon. Neben den vorderen Kotflügeln, dem Frontdeckel und dem Dach bestehen erstmals auch die Türen aus dem leichten Werkstoff. Was wie ein logischer Schritt klingt, ist nicht besonders trivial. „Es war eine unglaubliche Herausforderung, Türen aus Karbon in einem legal zugelassenen Straßenauto einzusetzen. Im Motorsport gibt es das schon länger, aber da fahren wir auch mit einem starren Überrollkäfig mit Querstreben vor den Türen. Im Serienauto haben wir das nicht, das heißt, die Tür muss einem Seitencrash standhalten und entsprechend anders konstruiert sein“, erklärt Preuninger. Das gelingt im 911 GT3 RS mit Streben, die in die Tür integriert sind. Auf die Klapptürgriffe der übrigen 992-Derivate verzichtet die sportliche Spitze.

Wie im Vorgänger bringt das Weissach-Paket auf Wunsch (Aufpreis: 35.992 Euro) weitere Leichtbau-Elemente ins Auto. Stabilisatoren und Überrollbügel bestehen dann aus Karbon, die Felgen optional aus Magnesium. Zudem gehören Schalttasten mit Magnet-Bedienung und Sichtkarbon an der Karosserie zum Paket. Die Gewichtsersparnis beträgt insgesamt 19,4 Kilogramm.

Stefan Helmreich beschreibt in der *sport auto* das Schaltgefühl mit den neuen Schaltwippen: „Eine Kleinigkeit? Vermeintlich. Denn die Wirkung ist enorm: Der definierte Druckpunkt stellt eine imaginäre Verbindung zu den Zahnrädern her, das metallische Klicken veredelt den Kurz-und-schmerzlos-Schaltvorgang zu einem sinnlichen Akt.“

BEEINDRUCKEND AUF DER NORDSCHLEIFE

Anders als bei den Vorgängern lassen sich Klimaanlage und Infotainmentsystem im 911 GT3 RS der Generation 992 nicht abbestellen. Die Bauteile sind zu sehr ins Fahrzeug integriert, um die Gewichtsersparnis auch logistisch zu rechtfertigen. Sie gehören deshalb zum Serienumfang. Mit viel neuer Technik an Bord steigt das Fahrzeuggewicht im Vergleich zum Vorgänger um 20 auf 1.450 Kilogramm (Plus 1,4 Prozent). Aber es ist nicht das erste Mal in der RS-Historie, dass ein schwereres Auto ohne viel Mehrleistung auf der Rennstrecke Bestzeiten einfährt.

Die Referenzstrecke für Porsches schnellste Straßenautos ist die Nordschleife des Nürburgringes: Porsche-Markenbotschafter Jörg Bergmeister umrundet die „Grüne Hölle“ im 911 GT3 RS am 5. Oktober 2022 in 6:49,328 Minuten. Obwohl er auf der Döttinger Höhe gegen den Wind fährt und bei kaltem Asphalt antritt, unterbietet er die Bestzeit des Vorgängers um 11,5 Sekunden. Zum aktuell schnellsten Porsche, dem 911 GT2 RS (991.2), fehlen ihm gut zehn Sekunden.

Bergmeister lobt den Wagen nach seiner Runde: „Gerade in den schnellen Sektionen spielt der 911 GT3 RS in einer eigenen Liga. Hier ist das Auto auf einem Level, das man sonst nur von hochklassigen Rennautos kennt. Auch beim Anbremsen setzt das Auto neue Maßstäbe. So machen schnelle Runden auf der Nordschleife einfach wahnsinnig viel Spaß.“

Nach der ersten Testfahrt auf der Rennstrecke in Silverstone bestätigt Helmreich diese Beschreibung: „Der GT3 RS ist eine Fahrdynamik-Sensation, die trotz der Ernsthaftigkeit ihrer Absichten ein Spielzeug bleibt – den vielen Einstelloptionen für Fahrwerk und Antrieb sei Dank“, schreibt er in der *sport auto.* Der britische Journalist Chris Harris stellt bei der gleichen Gelegenheit knapp und unverblümt fest: „Der fühlt sich für mich wie ein verdammtes Rennauto an!“

Matt Saunders geht in der britischen *Autocar* tiefer ins Detail: „Der GT3 RS ist ganz klar ein ernsthafteres und zweckmäßigeres Tracktool als all seine Vorgänger. Aber er ist auch cleverer und anpassungsfähiger.” Er überführt demnach den RS-Gedanken von 1972 in die Moderne – auch wenn das der ursprünglichen Einfachheit widerspricht.

BB PV 4002

Der 911 Sport Classic des Typs 992 basiert auf dem 911 Turbo. Anders als seine Basis verfügt er über ein Schaltgetriebe.

PORSCHE 911 SPORT CLASSIC

Was 1972 der Windkanal formte, findet die Porsche-Designabteilung auch 2022 noch schick. Zum runden Geburtstag des 911 Carrera RS 2.7 schenkt sich Porsche einen neuen 911 mit Bürzel. Der trägt den Namen 911 Sport Classic. Und, ganz ähnlich wie sein Vorfahre von 2009 (997), trägt er neben den traditionellen Spoilern noch ein Doppelkuppeldach, ein spezielles Grau und Felgen im Fuchs-Design.

Neu ist hingegen die breite Turbo-Karosserie. Und der Turbo-Motor. Porsche drosselt das 3,8-Liter-Triebwerk, üblicherweise mindestens 580 PS stark, für das Sondermodell auf 550 PS. Mittlerweile ungewöhnlich: Den Motor kombiniert der Hersteller mit einem manuellen Siebengang-Getriebe inklusive Zwischengas-Funktion. Damit wird der Sport Classic zum stärksten handgeschalteten 911 der Baureihe 992.

Das Sportfahrwerk mit verstellbaren Dämpfern (PASM) und die Bremsanlage übernimmt das Sondermodell ebenfalls vom Turbo. Der Heckantrieb spart Gewicht. Dennoch geht es im 911 Sport Classic nicht um Runden- oder Sprintzeiten, sondern um Fahrgefühl und Historie. Das Jubiläumsauto kostet mindestens 281.758 Euro. Porsche limitiert das Modell auf 1.250 Exemplare – fünfmal so viel wie beim Vorgänger von 2009.

DIE ANDEREN RS-MODELLE

DAS KÜRZEL RS EXISTIERT BEI PORSCHE LÄNGER ALS DER 911. ABER ERST DER VORZEIGESPORTLER TRÄGT DIE LETTERN IN DIE BREITE. JEDE GENERATION DES 911 ERHÄLT MINDESTENS EIN RS-MODELL.

GT4RS
Pilot Sport Cup 2

Der 968 Turbo RS basiert auf dem 968 Turbo S. Porsche baut ihn für Privatteams: Sie sollen mit ihm in der neuen GT-Klasse antreten. Das deutsche Team Seikel Motorsport mit dem Fahrertrio John Nielsen / Thomas Bscher / Lindsay Owen-Jones bestreitet mit dem hier gezeigten Fahrzeug am 29. Mai 1994 das 13. 1000-km-Rennen von Paris auf dem Autodrome de Linas-Montlhéry. Allerdings vereitelt der Ausfall ein zählbares Ergebnis bei diesem 4. Wertungslauf der BPR Global GT Series jenes Jahres.

Sie entwickeln sich zunächst strikt entlang von Motorsport-Reglements, später auch auf Initiative der GT-Abteilung, und dank der Rückmeldungen glücklicher Porsche-Kunden.

Seit Einführung des 911 findet das RS außerhalb der Baureihe kaum noch statt. 2005 stellt Porsche den Spyder RS vor, ein LMP2-Fahrzeug für Langstreckenrennen ohne Verbindung zu Serienfahrzeugen. 2008 trägt ein Boxster-Sondermodell den Namen RS 60 Spyder, um den 718 RS 60 Spyder von 1960 zu ehren. Um ein RS-Modell im klassischen Sinne handelt es sich in beiden Fällen nicht.

Aber es gibt sie, die RS-Modelle außerhalb von Porsches Heckmotor-Blase. Porsche legt sie nur in homöopathischen Dosen auf. Ihre Seltenheit birgt eine ganz eigene Faszination.

Insgesamt baut Porsche nur vier Exemplare des 968 Turbo RS. Andere Teams wie Strähle Autosport mit ihrem Piloten Michael Trunk, hier beim Lauf zum ADAC-GT-Cup in Zolder 1993, setzen den optisch ähnlichen 968 Turbo S ein: Dabei handelt es sich um die 305 PS starke straßenzugelassene Variante des für die GT-Kategorie entwickelten Turbo RS.

Eine Serienfertigung plant Porsche nicht: Der 968 Turbo RS ist ein reinrassiger Rennwagen.

Ein Einsatzbereich ist der ADAC-GT-Cup, der ab 1993 in Deutschland an den Start geht, mit Gaststarts in Belgien (Zolder), Niederlande (Zandvoort) und Österreich (Salzburg).

Bei seinem ersten Renneinsatz auf der Berliner Avus, der Auftaktveranstaltung des neugeschaffenen ADAC-GT-Cup, wird ein 968 Turbo RS (Team Joest, Fahrer Manuel Reuter, Startnummer 34, hier in Zolder) auf Rang vier gewertet – der Höhepunkt seiner Karriere.

PORSCHE 968 TURBO RS

VIER MIT VIEREN

Als die Gruppe C im Jahr 1992 endet, passt Porsche das Portfolio an. Der Hersteller entwickelt für den 1993 eingeführten ADAC GT-Cup eine Rennversion des Porsche 968, basierend auf dem 968 Turbo S. Der Modellreihe droht mangels Erfolgs das Aus. Ein Auftritt im Motorsport soll Ansehen und Verkaufszahlen verbessern.

Porsche nennt das Rennauto 968 Turbo RS. Ein Werkseinsatz ist nicht geplant. Stattdessen sollen Privatteams mit ihm in der neuen GT-Klasse sowie bei Langstreckenrennen siegen. Dafür stimmt der Hersteller Federn und Dämpfer neu ab, baut eine Rennkupplung und einen Käfig ein, zieht Felgen in 9,5 x 18 sowie 11 x 18 Zoll auf und senkt das Gewicht auf 1.200 Kilogramm. Mit Modifikationen an Turbolader, Ansaugtrakt und Abgasanlage leistet der im Serienmodell 305 PS starke 3,0-Liter-Vierzylinder jetzt 350 PS.

Der ADAC GT-Cup sieht ein Minimalgewicht von 1.350 Kilogramm vor. Für diesen Zweck bekommt das Auto Ballast an Bord. Außerdem setzt das Reglement für Chancengleichheit ein Leistungsgewicht von vier Kilogramm pro PS fest. Porsche drosselt den Motor dafür auf 337,5 PS.

Konkurrenz im eigenen Haus: Gegen den langstreckenerprobten 911 RS tut sich der 968 mit seinem Transaxle-Antrieb schwer. Die erhofften Erfolge bleiben aus …

KEIN ERFOLG IM MOTORSPORT

Die Motorsportgeschichte des 968 Turbo RS beginnt zäh. Porsche verleiht den ersten 968 Turbo RS, das Test- und Fotofahrzeug auf Basis eines Turbo S, an das Rennteam Joest, weil deren Auto nicht rechtzeitig fertig wird. Auf diese Weise kann Manuel Reuter für Joest im neuen Renn-Porsche an den ersten GT-Rennen auf der AVUS und in Zolder teilnehmen.

In Berlin kann sich Reuter nach dem Start von Platz 3 an die Spitze setzen. Das Rennen beendet er auf Rang 4 – es ist sogleich der Höhepunkt der Renngeschichte des 968 Turbo RS. In Belgien fällt der 968 mit einem technischen Defekt aus. Wenig später erhält Joest das bestellte Auto und startet damit auf dem Nürburgring. Das Auto verunfallt kurz nach dem Start.

Insgesamt entstehen nur vier Exemplare des 968 Turbo RS, den Prototyp mit Turbo-S-Chassis eingerechnet. Es besteht nur wenig Interesse am Auto. Auch, weil Porsche mit dem 911 bereits ein etabliertes Langstreckenauto anbietet. Das kurze Motorsport-Intermezzo kann den 968 nicht retten. Er läuft mit dem Modelljahr 1995 aus.

In Privathand nehmen die gebauten Fahrzeuge weiterhin an Rennen teil, unter anderem in Le Mans und Spa. Ein Exemplar erhält nachträglich eine Straßenzulassung. So bleibt der 968 Porsches einziges RS-Modell mit Transaxle-Chassis. Und er wird zum seltensten Porsche RS überhaupt.

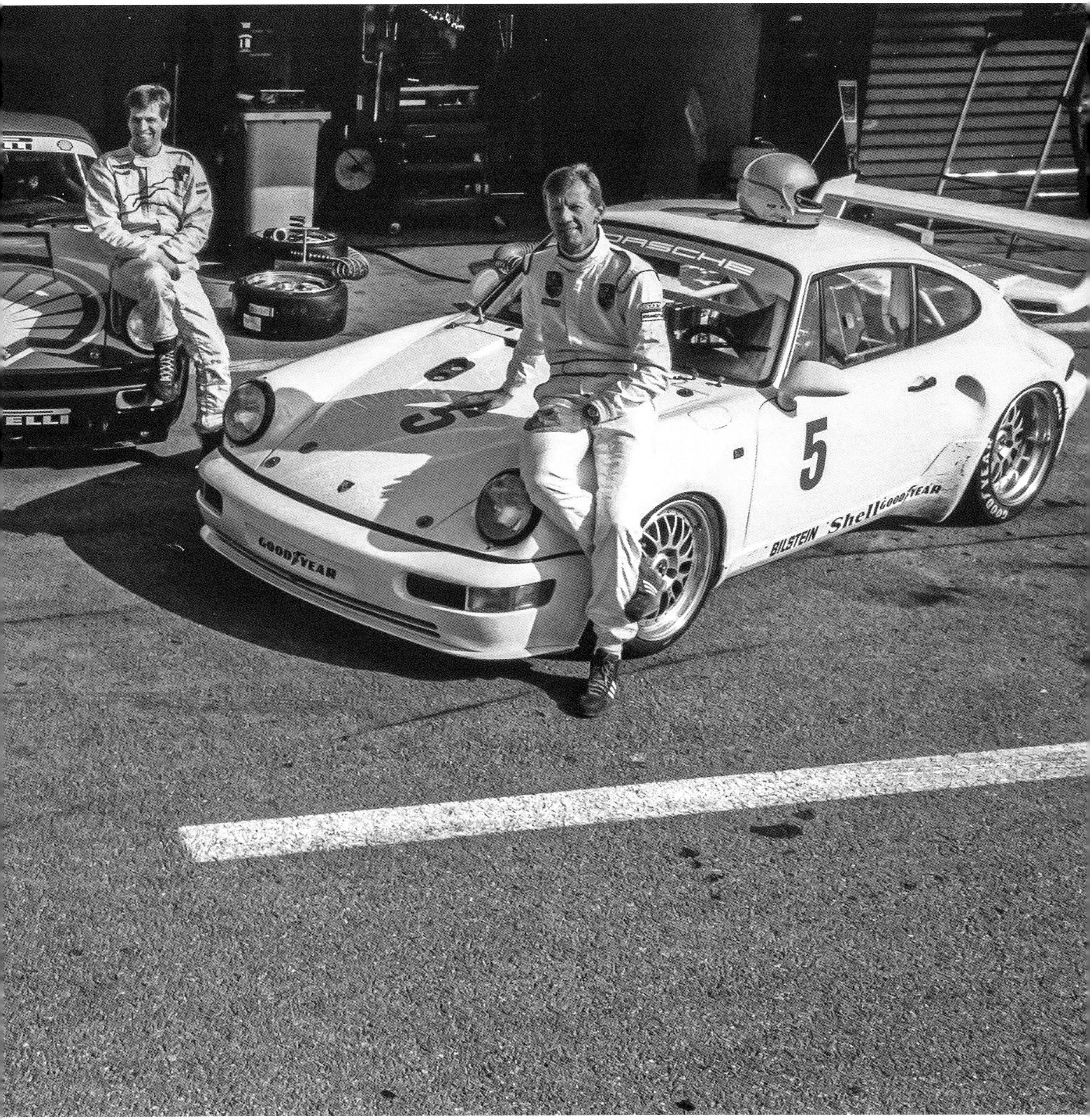

5
GOODYEAR
BILSTEIN
Shell
GOODYEAR

Der erste Mittelmotor-RS der Moderne: Porsches GT-Abteilung optimiert den 718 Cayman.

PORSCHE 718 CAYMAN GT4 RS

Es dauert fast 50 Jahre, bis Porsche ein Serienauto neben dem 911 zum RS-Modell umbaut. Basis für den RS-Exoten ist der kompakte und leichte Porsche 718 Cayman. Den gibt es bereits als puristischen 718 Cayman GT4, außerdem als 718 Cayman GT4 Clubsport für die Rennstrecke. Im November 2021 stellt Porsche den drahtigen und starken 718 Cayman GT4 RS als Spitzenmodell der Baureihe vor.

MITTELMOTORSPORTLER

Den Motor übernimmt der schnelle Cayman vom Porsche 911 GT3 (992). Es handelt sich um den 4,0-Liter-Saugboxer, der in beinahe identischer Form auch den Rennwagen

Im 718 Cayman GT4 RS leistet der 4,0-Liter-Boxer 500 PS.

GT4RS

Porsche stimmt den 718 Cayman GT4 RS präzise ab – wild fährt er trotzdem.

911 GT3 Cup antreibt. Er verfügt über einen starren Ventiltrieb und dreht maximal 9.000 Umdrehungen pro Minute. Im Cayman GT4 RS leistet er 500 PS, sein maximales Drehmoment beträgt 450 Newtonmeter.

In den 911-Derivaten sitzt der Motor im Fahrzeugheck. Für den Einsatz im Mittelmotor-Auto Cayman wird er um 180 Grad gedreht und an diversen Punkten modifiziert. Die betreffen vor allem den Ölkreislauf sowie Ansaugluft- und Abgasführung. Eine längere Abgasanlage erhöht den Staudruck und kostet Leistung. Dass der Motor im Cayman GT4 RS zehn PS weniger leistet als im 911 GT3 ist keine Stallorder zur Einhaltung der Hierarchie, sondern ein bauartbedingte Konsequenz.

Ein Handschaltgetriebe steht während der Entwicklung nicht zur Debatte. Einerseits kostet es auf der Rennstrecke trotz des niedrigeren Gewichts Zeit. Andererseits hat Porsche keine passende Schaltbox im Programm. Das manuelle Getriebe des 718 Cayman GT4 ist auf das Drehmoment und die Drehzahl des RS-Motors nicht ausgelegt.

DER ERSTE, MODERNE 718 RS

Der 718 Cayman GT4 erfährt eine RS-Kur, wie sie sonst nur der Porsche 911 erlebt. Leichtbau, Optimierungen an Fahrwerk und Bremse, griffige Reifen und eine andere Aerodynamik mit dem Schwerpunkt auf Anpressdruck verbessern seine Rennstreckenfähigkeiten enorm. Der GT4 RS umrundet die Nordschleife des Nürburgrings in 7:04,511 Minuten – 23,6 Sekunden schneller als der 718 GT4 ohne RS.

Der 718 Cayman GT4 RS saugt seine Prozessluft direkt hinter den Seitenscheiben an – ganz nah an den Ohren der Passagiere.

Einer der letzten seiner Art: Porsche setzt im 718 Cayman GT4 RS einen Saugmotor ein. Die neue Generation des Modells fährt ab 2025 rein elektrisch.

Optional verzichtet der Cayman GT4 RS auf Audio- und Klimaanlage.

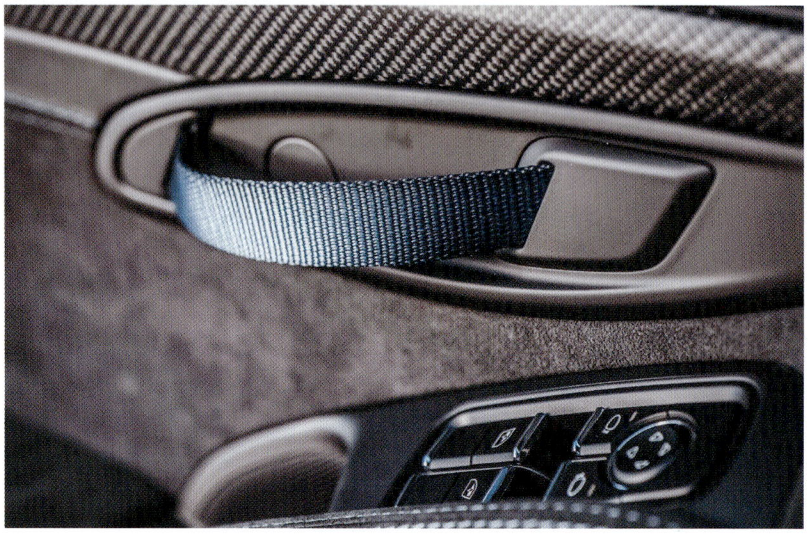

Wie in den großen RS-Modellen: Eine Schlaufe als Türöffner …

… und eine 12-Uhr-Markierung am Lenkrad.

Für diese Zeit adaptiert Porsche die Vorderachse des 911 GT3 RS (Generation 991.2) samt Helper-Springs, sanfter Tieferlegung und Verstellmöglichkeiten für Spur, Sturz und Stabilisatoren. Uniball-Lager erhöhen die Präzision, eine breitere Spur verringert die Wankneigung. Er verfügt serienmäßig über adaptive Dämpfer, ein mechanisches Sperrdifferenzial und eine Bremsanlage mit Scheiben aus einem Aluminium-Grauguss-Verbund. Optional kommen Keramik-Scheiben und Felgen aus Magnesium zum Einsatz.

Ein Heckflügel mit Schwanenhals, Kotflügel mit Entlüftung der vorderen Radhäuser und eine neue Frontlippe erhöhen den Abtrieb im Vergleich zum GT4 um 25 Prozent. Karbon-Elemente, reduzierte Dämmung, weniger Verkleidungsteile und Dünnglasscheiben senken das Gewicht um 35 Kilogramm. Mit dem optionalen Weissach-Paket und dem Verzicht auf Klimaanlage sowie Audiosystem sinkt das Gewicht weiter auf 1.415 Kilogramm. Damit ist der Cayman leichter als ein 911 GT3 RS. Eine offene Version auf Basis des 718 Boxster ist für 2023 angedacht.

S-GO 1306

GT4RS

S GO 1307
S GO 1306

TECHNISCHE DATEN

aircraft
S-GO 9969
S-GO 9645H
9
MARTINI
Shell
Carrera
S-GO 1973H
NKEN

911 CARRERA RS 2.7 SPORT

	BAUREIHE	911 F-MODELL
MODELL	Verkaufsbezeichnung	911 Carrera RS 2.7 Sport (M471)
	Bauzeit	1972-1973
MOTOR	Bauart	Luftgekühlter Sechszylinder-Boxermotor
	Hubraum in cm^3	2.687
	Bohrung x Hub in mm	90 x 70,4
	Leistung in PS / kW bei U/min	210 / 154 bei 6.300
	Drehmoment in Nm bei U/min	255 bei 5.100
	Ventilsteuerung	OHC über Doppelkette, 2 Ventile pro Zylinder
	Gemischaufbereitung	Mechanische Bosch-Doppelreiheneinspritzpumpe
	Verdichtung	8,5:1
KRAFTÜBERTRAGUNG	Getriebe	Manuelles Fünfgang-Getriebe 915/08
	Übersetzung Gang 1	3,182
	Übersetzung Gang 2	1,834
	Übersetzung Gang 3	1,261
	Übersetzung Gang 4	0,925
	Übersetzung Gang 5	0,724
	Übersetzung Gang 6	
	Übersetzung Gang 7	
	Übersetzung Rückwärtsgang	3,325
	Übersetzung Achse	4,429
	Sperre Wirkung in %	80
	Antrieb	Heckantrieb
KAROSSERIE UND FAHRWERK	Radaufhängung vorn	Einzelradaufhängung an Federbeinen und Querlenker, je Rad ein runder Drehstab in Längsrichtung liegend, doppelt wirkende, hydraulische Stoßdämpfer, Stabilisator
	Radaufhängung hinten	Einzelradaufhängung an Längslenkern, je Rad ein runder Drehstab in Querrichtung liegend, doppelt wirkende, hydraulische Stoßdämpfer, Stabilisator
	Lenkung	Zahnstangenlenkung
	Wendekreis in m	10,7
	Bremsanlage	Hydraulische Anlage, innenbelüftete Scheiben rundum, Zweikolben-Alu-Festsättel vorn, Zweikolben-Grauguss-Festsättel hinten
	Bremsscheiben in mm	282,5 x 20 vorn, 290 x 20 hinten
	Felgengrößen in Zoll	6 x 15 / 7 x 15
	Reifendimensionen	185/70VR15 / 215/60VR15
MASSE UND GEWICHTE	Länge / Breite / Höhe in mm	4.102 / 1.652 / 1.320
	Radstand in mm	2.271
	Spur vorn / hinten in mm	1.372 / 1.394
	Leergewicht in kg	960
	Kofferraumvolumen in l	200 vorn
	Tankinhalt in l	85, davon 9 Reserve
LEISTUNGSDATEN	Höchstgeschwindigkeit in km/h	245
	Beschleunigung 0-100 km/h in s	5,8
	Kraftstoffverbrauch in l/100 km laut Norm	10,8
SONSTIGES	Stückzahl gesamt	217 (200 plus 17 Homologationsfahrzeuge)
	Preis bei Markteinführung	34.000 Mark, mit M471 36.500 Mark

911 CARRERA RS 2.7 TOURING

	BAUREIHE	911 F-MODELL
MODELL	Verkaufsbezeichnung	911 Carrera RS 2.7 Touring (M472)
	Bauzeit	1972-1973
MOTOR	Bauart	Luftgekühlter Sechszylinder-Boxermotor
	Hubraum in cm^3	2.687
	Bohrung x Hub in mm	90 x 70,4
	Leistung in PS / kW bei U/min	210 / 154 bei 6.300
	Drehmoment in Nm bei U/min	255 bei 5.100
	Ventilsteuerung	OHC über Doppelkette, 2 Ventile pro Zylinder
	Gemischaufbereitung	Mechanische Bosch-Doppelreiheneinspritzpumpe
	Verdichtung	8,5:1
KRAFTÜBER-TRAGUNG	Getriebe	Manuelles Fünfgang-Getriebe 915/08
	Übersetzung Gang 1	3,182
	Übersetzung Gang 2	1,834
	Übersetzung Gang 3	1,261
	Übersetzung Gang 4	0,925
	Übersetzung Gang 5	0,724
	Übersetzung Gang 6	
	Übersetzung Gang 7	
	Übersetzung Rückwärtsgang	3,325
	Übersetzung Achse	4,429
	Sperre Wirkung in %	80
	Antrieb	Heckantrieb
KAROSSERIE UND FAHRWERK	Radaufhängung vorn	Einzelradaufhängung an Federbeinen und Querlenker, je Rad ein runder Drehstab in Längsrichtung liegend, doppelt wirkende, hydraulische Stoßdämpfer, Stabilisator
	Radaufhängung hinten	Einzelradaufhängung an Längslenkern, je Rad ein runder Drehstab in Querrichtung liegend, doppelt wirkende, hydraulische Stoßdämpfer, Stabilisator
	Lenkung	Zahnstangenlenkung
	Wendekreis in m	10,7
	Bremsanlage	Hydraulische Anlage, innenbelüftete Scheiben rundum, Zweikolben-Alu-Festsättel vorn, Zweikolben-Grauguss-Festsättel hinten
	Bremsscheiben in mm	282,5 x 20 vorn, 290 x 20 hinten
	Felgengrößen in Zoll	6 x 15 / 7 x 15
	Reifendimensionen	185/70VR15 / 215/60VR15
MASSE UND GEWICHTE	Länge / Breite / Höhe in mm	4.147 / 1.652 / 1.320
	Radstand in mm	2.271
	Spur vorn / hinten in mm	1.372 / 1.394
	Leergewicht in kg	1.075
	Kofferraumvolumen in l	200 vorn
	Tankinhalt in l	85, davon 9 Reserve
LEISTUNGSDATEN	Höchstgeschwindigkeit in km/h	240
	Beschleunigung 0-100 km/h in s	6,3
	Kraftstoffverbrauch in l/100 km laut Norm	10,8
SONSTIGES	Stückzahl gesamt	1.308
	Preis bei Markteinführung	34.000 Mark, mit M474 36.500 Mark

911 CARRERA RSR 2.8

	BAUREIHE	911 F-MODELL
MODELL	Verkaufsbezeichnung	911 RSR 2.8 (M491)
	Bauzeit	1973
MOTOR	Bauart	Luftgekühlter Sechszylinder-Boxermotor
	Hubraum in cm^3	2.806
	Bohrung x Hub in mm	92 x 70,4
	Leistung in PS / kW bei U/min	285 / 209 bei 8.000 (bis zu 300 PS), 285/209 bei 8000 (bis zu 300 PS), 285/209 bei 8000 (bis zu 300 PS)
	Drehmoment in Nm bei U/min	285 bei 6.500
	Ventilsteuerung	OHC über Doppelkette, 2 Ventile pro Zylinder
	Gemischaufbereitung	Mechanische Bosch-Doppelreiheneinspritzpumpe / mechanische Saugrohreinspritzung
	Verdichtung	10,3:1
KRAFTÜBERTRAGUNG	Getriebe	Manuelles Fünfgang-Getriebe, je nach Einsatz Modell 915 mit separater Ölkühlung
	Übersetzung Gang 1	3,182
	Übersetzung Gang 2	1,834
	Übersetzung Gang 3	1,261
	Übersetzung Gang 4	0,925
	Übersetzung Gang 5	0,724
	Übersetzung Gang 6	
	Übersetzung Gang 7	
	Übersetzung Rückwärtsgang	3,325
	Übersetzung Achse	4,429
	Sperre Wirkung in %	80
	Antrieb	Heckantrieb
KAROSSERIE UND FAHRWERK	Radaufhängung vorn	Einzelradaufhängung an Federbeinen und Querlenker, je Rad ein runder Drehstab in Längsrichtung liegend, doppelt wirkende, hydraulische Stoßdämpfer, Stabilisator, zusätzlich progressiv wirkende Schraubenfedern
	Radaufhängung hinten	Einzelradaufhängung an Längslenkern, je Rad ein runder Drehstab in Querrichtung liegend, doppelt wirkende, hydraulische Stoßdämpfer, Stabilisator, zusätzlich progressiv wirkende Schraubenfedern
	Lenkung	Zahnstangenlenkung
	Wendekreis in m	10,7
	Bremsanlage	Gelochte Bremsscheiben, Vierkolben-Bremssattel vom 917 Kurzheck
	Bremsscheiben in mm	
	Felgengrößen in Zoll	9 x 15 / 11 x 15
	Reifendimensionen	230/300-15 CR 88 356 / 260/300-15 CR 88 356
MASSE UND GEWICHTE	Länge / Breite / Höhe in mm	4.147 / 1.752 / 1.300
	Radstand in mm	2.271
	Spur vorn / hinten in mm	
	Leergewicht in kg	917
	Kofferraumvolumen in l	
	Tankinhalt in l	110
LEISTUNGSDATEN	Höchstgeschwindigkeit in km/h	260
	Beschleunigung 0-100 km/h in s	
	Kraftstoffverbrauch in l/100 km laut Norm	
SONSTIGES	Stückzahl gesamt	55
	Preis bei Markteinführung	34.000 Mark, mit M491 59.000 Mark

911 CARRERA RS 3.0

	BAUREIHE	911 G-MODELL
MODELL	Verkaufsbezeichnung	911 Carrera RS 3.0
	Bauzeit	1974
MOTOR	Bauart	Luftgekühlter Sechszylinder-Boxermotor
	Hubraum in cm^3	2.994
	Bohrung x Hub in mm	95 x 70,4
	Leistung in PS / kW bei U/min	230 / 169 bei 6.200
	Drehmoment in Nm bei U/min	275 bei 5.000
	Ventilsteuerung	OHC über Doppelkette, 2 Ventile pro Zylinder
	Gemischaufbereitung	Mechanische Bosch-Saugrohreinspritzung mit 6-Stempel-Doppelreihenpumpe
	Verdichtung	9,8:1
KRAFTÜBERTRAGUNG	Getriebe	Manuelles Fünfgang-Getriebe 915
	Übersetzung Gang 1	3,182
	Übersetzung Gang 2	1,833
	Übersetzung Gang 3	1,261
	Übersetzung Gang 4	0,926
	Übersetzung Gang 5	0,724
	Übersetzung Gang 6	
	Übersetzung Gang 7	
	Übersetzung Rückwärtsgang	3,325
	Übersetzung Achse	1,429
	Sperre Wirkung in %	80
	Antrieb	Heckantrieb
KAROSSERIE UND FAHRWERK	Radaufhängung vorn	Einzelradaufhängung an Federbeinen und Querlenker, je Rad ein runder Drehstab in Längsrichtung liegend, hydraulische Teleskopstoßdämpfer, Stabilisator
	Radaufhängung hinten	Einzelradaufhängung an Längslenkern, je Rad ein runder Drehstab quer liegend, hydraulische Teleskopstoßdämpfer, Stabilisator
	Lenkung	Zahnstangenlenkung
	Wendekreis in m	10,7
	Bremsanlage	Hydraulische Anlage, innenbelüftete und gelochte Scheiben rundum, Vierkolben-Alu-Festsättel vom 917 Kurzheck
	Bremsscheiben in mm	300 x 28 vorn und hinten
	Felgengrößen in Zoll	8 x 15 / 9 x 15
	Reifendimensionen	215/60VR15 / 235/60VR15
MASSE UND GEWICHTE	Länge / Breite / Höhe in mm	4.235 / 1.775 / 1.320
	Radstand in mm	2.271
	Spur vorn / hinten in mm	1.437 / 1.462
	Leergewicht in kg	1.060
	Kofferraumvolumen in l	200
	Tankinhalt in l	80, davon 8 Reserve
LEISTUNGSDATEN	Höchstgeschwindigkeit in km/h	245
	Beschleunigung 0-100 km/h in s	5,3
	Kraftstoffverbrauch in l/100 km laut Norm	17
SONSTIGES	Stückzahl gesamt	110
	Preis bei Markteinführung	64.980 Mark

1984

911 SC CARRERA RS

	BAUREIHE	911 G-MODELL
MODELL	Verkaufsbezeichnung	911 SC Carrera RS
	Bauzeit	1984
MOTOR	Bauart	Luftgekühlter Sechszylinder-Boxermotor
	Hubraum in cm^3	2.994
	Bohrung x Hub in mm	95 x 70,4
	Leistung in PS / kW bei U/min	250 / 184 bei 7.000
	Drehmoment in Nm bei U/min	250 bei 6.500
	Ventilsteuerung	OHC über Doppelkette, 2 Ventile pro Zylinder
	Gemischaufbereitung	Mechanische Einspritzung
	Verdichtung	10,3:1
KRAFTÜBERTRAGUNG	Getriebe	Manuelles Fünfgang-Getriebe 915/71
	Übersetzung Gang 1	3,182
	Übersetzung Gang 2	1,833
	Übersetzung Gang 3	2
	Übersetzung Gang 4	1,381
	Übersetzung Gang 5	1,08
	Übersetzung Gang 6	
	Übersetzung Gang 7	
	Übersetzung Rückwärtsgang	3,325
	Übersetzung Achse	3,875
	Sperre Wirkung in %	40
	Antrieb	Heckantrieb
KAROSSERIE UND FAHRWERK	Radaufhängung vorn	Einzelradaufhängung an Federbeinen und Querlenker, je Rad ein runder Drehstab in Längsrichtung liegend, Zweirohr-Gasdruckstoßdämpfer, Stabilisator
	Radaufhängung hinten	Einzelradaufhängung an Schräglenkern aus Leichtmetall, je Rad ein runder Drehstab in Querrichtung liegend, Zweirohr-Gasdruckstoßdämpfer, Stabilisator
	Lenkung	Zahnstangenlenkung
	Wendekreis in m	
	Bremsanlage	Hydraulische Anlage, innenbelüftete und gelochte Scheiben rundum, schwarze Vierkolben-Alu-Festsättel
	Bremsscheiben in mm	304 x 32 vorn, 309 x 28 hinten
	Felgengrößen in Zoll	7 x 16 / 8 x 16
	Reifendimensionen	205/55VR16 / 225/50VR15
MASSE UND GEWICHTE	Länge / Breite / Höhe in mm	4.235 / 1.775 / 1.290
	Radstand in mm	2.272
	Spur vorn / hinten in mm	1. 432 / 1.501
	Leergewicht in kg	1.057
	Kofferraumvolumen in l	130
	Tankinhalt in l	80, davon 8 Reserve
LEISTUNGSDATEN	Höchstgeschwindigkeit in km/h	255
	Beschleunigung 0-100 km/h in s	5,3
	Kraftstoffverbrauch in l/100 km laut Norm	20
SONSTIGES	Stückzahl gesamt	20
	Preis bei Markteinführung	188.100 Mark

911 CARRERA RS

MODELL	**BAUREIHE**	**964**
	Verkaufsbezeichnung	911 Carrera RS Coupe
	Bauzeit	1992
MOTOR	Bauart	Luftgekühlter Sechszylinder-Boxermotor
	Hubraum in cm^3	3.600
	Bohrung x Hub in mm	100 x 76,4
	Leistung in PS / kW bei U/min	260 / 191 bei 6.100
	Drehmoment in Nm bei U/min	325 bei 4.800
	Ventilsteuerung	OHC über Doppelkette, 2 Ventile pro Zylinder
	Gemischaufbereitung	Sequenzielle Bosch-Einspritzung
	Verdichtung	11,3:1
KRAFTÜBER-TRAGUNG	Getriebe	Manuelles Fünfgang-Getriebe G50/10
	Übersetzung Gang 1	3,154
	Übersetzung Gang 2	1,895
	Übersetzung Gang 3	1,407
	Übersetzung Gang 4	1,086
	Übersetzung Gang 5	0,868
	Übersetzung Gang 6	
	Übersetzung Gang 7	
	Übersetzung Rückwärtsgang	2,857
	Übersetzung Achse	3,444
	Sperre Wirkung in %	20 / 100
	Antrieb	Heckantrieb
KAROSSERIE UND FAHRWERK	Radaufhängung vorn	Einzelradaufhängung an McPherson-Federbeinen und Querlenkern aus Leichtmetall mit negativen Rollradius, Schraubenfedern, Zweirohr-Gasdruckstoßdämpfer, Stabilisator
	Radaufhängung hinten	Einzelradaufhängung an Federbeinen und Schräglenkern aus Leichtmetall, Schraubenfedern, Zweirohr-Gasdruckstoßdämpfer, Stabilisator
	Lenkung	Zahnstangenlenkung
	Wendekreis in m	10,7
	Bremsanlage	Innenbelüftete und gelochte Bremsscheiben, Vierkolben-Festsättel
	Bremsscheiben in mm	Vorn 322 x 32, hinten 299 x 24
	Felgengrößen in Zoll	7,5 x 17 / 9 x 17
	Reifendimensionen	205/50ZR17 / 255/40ZR17
MASSE UND GEWICHTE	Länge / Breite / Höhe in mm	4.275 / 1.652 / 1.270
	Radstand in mm	2.272
	Spur vorn / hinten in mm	1.379 / 1.380
	Leergewicht in kg	1.220
	Kofferraumvolumen in l	88
	Tankinhalt in l	77
LEISTUNGSDATEN	Höchstgeschwindigkeit in km/h	260
	Beschleunigung 0-100 km/h in s	5,3
	Kraftstoffverbrauch in l/100 km laut Norm	11
SONSTIGES	Stückzahl gesamt	2.282
	Preis bei Markteinführung	145.500 Mark

1992

911 CARRERA RS N/GT

MODELL	**BAUREIHE**	**964**
	Verkaufsbezeichnung	911 Carrera RS Coupé N/GT
	Bauzeit	1992
MOTOR	Bauart	Luftgekühlter Sechszylinder-Boxermotor
	Hubraum in cm^3	3.600
	Bohrung x Hub in mm	100 x 76,4
	Leistung in PS / kW bei U/min	260 / 191 bei 6.100
	Drehmoment in Nm bei U/min	325 bei 4.800
	Ventilsteuerung	OHC über Doppelkette, 2 Ventile pro Zylinder
	Gemischaufbereitung	Sequenzielle Bosch-Einspritzung
	Verdichtung	11,3:1
KRAFTÜBERTRAGUNG	Getriebe	Manuelles Fünfgang-Getriebe G50/10
	Übersetzung Gang 1	3,154
	Übersetzung Gang 2	1,895
	Übersetzung Gang 3	1,407
	Übersetzung Gang 4	1,086
	Übersetzung Gang 5	0,868
	Übersetzung Gang 6	
	Übersetzung Gang 7	
	Übersetzung Rückwärtsgang	2,857
	Übersetzung Achse	3,444
	Sperre Wirkung in %	20 / 100
	Antrieb	Heckantrieb
KAROSSERIE UND FAHRWERK	Radaufhängung vorn	Einzelradaufhängung an McPherson-Federbeinen und Querlenkern aus Leichtmetall mit negativem Rollradius, Schraubenfedern, Zweirohr-Gasdruckstoßdämpfer, Stabilisator
	Radaufhängung hinten	Einzelradaufhängung an Federbeinen und Schräglenkern aus Leichtmetall, Schraubenfedern, Zweirohr-Gasdruckstoßdämpfer, Stabilisator
	Lenkung	Zahnstangenlenkung
	Wendekreis in m	10,7
	Bremsanlage	Innenbelüftete und gelochte Bremsscheiben, Vierkolben-Festsättel
	Bremsscheiben in mm	Vorn 322 x 32, hinten 299 x 24
	Felgengrößen in Zoll	7,5 x 17 / 9 x 17
	Reifendimensionen	205/50ZR17 / 255/40ZR17
MASSE UND GEWICHTE	Länge / Breite / Höhe in mm	4.275 / 1.652 / 1.270
	Radstand in mm	2.272
	Spur vorn / hinten in mm	1.379 / 1.380
	Leergewicht in kg	1.220
	Kofferraumvolumen in l	88
	Tankinhalt in l	77
LEISTUNGSDATEN	Höchstgeschwindigkeit in km/h	260
	Beschleunigung 0-100 km/h in s	5,3
	Kraftstoffverbrauch in l/100 km laut Norm	11
SONSTIGES	Stückzahl gesamt	290
	Preis bei Markteinführung	160.000 Mark

911 CARRERA RS AMERICA

MODELL	**BAUREIHE**	**964**
	Verkaufsbezeichnung	911 Carrera RS America Coupe
	Bauzeit	1993
MOTOR	Bauart	Luftgekühlter Sechszylinder-Boxermotor
	Hubraum in cm^3	3.600
	Bohrung x Hub in mm	100 x 76,4
	Leistung in PS / kW bei U/min	247 / 182 bei 6.500
	Drehmoment in Nm bei U/min	310 bei 4.800
	Ventilsteuerung	OHC über Doppelkette, 2 Ventile pro Zylinder
	Gemischaufbereitung	Sequenzielle Bosch-Einspritzung
	Verdichtung	11,5:1
KRAFTÜBERTRAGUNG	Getriebe	Manuelles Fünfgang-Getriebe G50/05
	Übersetzung Gang 1	3,5
	Übersetzung Gang 2	2,059
	Übersetzung Gang 3	1,407
	Übersetzung Gang 4	1,086
	Übersetzung Gang 5	0,868
	Übersetzung Gang 6	
	Übersetzung Gang 7	
	Übersetzung Rückwärtsgang	2,857
	Übersetzung Achse	3,333
	Sperre Wirkung in %	
	Antrieb	Heckantrieb
KAROSSERIE UND FAHRWERK	Radaufhängung vorn	Einzelradaufhängung an McPherson-Federbeinen und Querlenkern aus Leichtmetall mit negativem Rollradius, Schraubenfedern, Zweirohr-Gasdruckstoßdämpfer, Stabilisator
	Radaufhängung hinten	Einzelradaufhängung an Federbeinen und Schräglenkern aus Leichtmetall, Schraubenfedern, Zweirohr-Gasdruckstoßdämpfer, Stabilisator
	Lenkung	Zahnstangenlenkung
	Wendekreis in m	10,7
	Bremsanlage	Innenbelüftete und gelochte Bremsscheiben, Vierkolben-Festsättel
	Bremsscheiben in mm	Vorn 298 x 28, hinten 299 x 24 mm
	Felgengrößen in Zoll	7 x 17 / 8 x 17
	Reifendimensionen	205/50ZR17 / 255/40ZR17
MASSE UND GEWICHTE	Länge / Breite / Höhe in mm	4.275 / 1.652 / 1.310
	Radstand in mm	2.272
	Spur vorn / hinten in mm	1.374 / 1.368
	Leergewicht in kg	1.340
	Kofferraumvolumen in l	88
	Tankinhalt in l	77
LEISTUNGSDATEN	Höchstgeschwindigkeit in km/h	260
	Beschleunigung 0-100 km/h in s	5,6
	Kraftstoffverbrauch in l/100 km laut Norm	11,5
SONSTIGES	Stückzahl gesamt	701
	Preis bei Markteinführung	53.900 US-Dollar

1993

911 CARRERA RS 3.8

	BAUREIHE	**964**
MODELL	Verkaufsbezeichnung	911 Carrera RS 3.8 Coupé
	Bauzeit	1993
MOTOR	Bauart	Luftgekühlter Sechszylinder-Boxermotor
	Hubraum in cm^3	3.746
	Bohrung x Hub in mm	102 x 76,4
	Leistung in PS / kW bei U/min	300 / 221 bei 6.500
	Drehmoment in Nm bei U/min	360 bei 5.250
	Ventilsteuerung	OHC über Doppelkette, 2 Ventile pro Zylinder
	Gemischaufbereitung	Sequenzielle Bosch-Einspritzung
	Verdichtung	11,0:1
KRAFTÜBERTRAGUNG	Getriebe	Manuelles Fünfgang-Getriebe G50/10
	Übersetzung Gang 1	3,154
	Übersetzung Gang 2	1,895
	Übersetzung Gang 3	1,407
	Übersetzung Gang 4	1,086
	Übersetzung Gang 5	0,868
	Übersetzung Gang 6	
	Übersetzung Gang 7	
	Übersetzung Rückwärtsgang	2,857
	Übersetzung Achse	3,444
	Sperre Wirkung in %	20 / 100
	Antrieb	Heckantrieb
KAROSSERIE UND FAHRWERK	Radaufhängung vorn	Einzelradaufhängung an McPherson-Federbeinen und Querlenkern aus Leichtmetall mit negativem Rollradius, Schraubenfedern, Zweirohr-Gasdruckstoßdämpfer, Stabilisator
	Radaufhängung hinten	Einzelradaufhängung an Federbeinen und Schräglenkern aus Leichtmetall, Schraubenfedern, Zweirohr-Gasdruckstoßdämpfer, Stabilisator
	Lenkung	Zahnstangenlenkung
	Wendekreis in m	10,7
	Bremsanlage	Innenbelüftete und gelochte Bremsscheiben, Vierkolben-Festsättel
	Bremsscheiben in mm	Vorn 322 x 32, hinten 299 x 28
	Felgengrößen in Zoll	9 x 18 / 11 x 18
	Reifendimensionen	235/40ZR18 / 285/35ZR18
MASSE UND GEWICHTE	Länge / Breite / Höhe in mm	4.275 / 1.775 / 1.270
	Radstand in mm	2.272
	Spur vorn / hinten in mm	1.440 / 1.481
	Leergewicht in kg	1.210
	Kofferraumvolumen in l	88
	Tankinhalt in l	92
LEISTUNGSDATEN	Höchstgeschwindigkeit in km/h	270
	Beschleunigung 0-100 km/h in s	4,9
	Kraftstoffverbrauch in l/100 km laut Norm	11
SONSTIGES	Stückzahl gesamt	90
	Preis bei Markteinführung	225.000 Mark

911 CARRERA RS

MODELL	**BAUREIHE**	**993**
	Verkaufsbezeichnung	911 Carrera RS Coupé
	Bauzeit	1995-1996
MOTOR	Bauart	Luftgekühlter Sechszylinder-Boxermotor
	Hubraum in cm³	3.746
	Bohrung x Hub in mm	102 x 76,4
	Leistung in PS / kW bei U/min	300 / 221 bei 6.500
	Drehmoment in Nm bei U/min	355 bei 5.400
	Ventilsteuerung	OHC über Doppelkette, 2 Ventile pro Zylinder
	Gemischaufbereitung	Sequenzielle Bosch-Einspritzung
	Verdichtung	11,3:1
KRAFTÜBERTRAGUNG	Getriebe	Manuelles Sechsgang-Getriebe G50/31
	Übersetzung Gang 1	3,154
	Übersetzung Gang 2	2
	Übersetzung Gang 3	1,522
	Übersetzung Gang 4	1,242
	Übersetzung Gang 5	1,024
	Übersetzung Gang 6	0,821
	Übersetzung Gang 7	
	Übersetzung Rückwärtsgang	2,857
	Übersetzung Achse	3,444
	Sperre Wirkung in %	40 / 65
	Antrieb	Heckantrieb
KAROSSERIE UND FAHRWERK	Radaufhängung vorn	Einzelradaufhängung an McPherson-Federbeinen und Querlenkern aus Leichtmetall mit negativem Rollradius, Schraubenfedern, Zweirohr-Gasdruckstoßdämpfer, Stabilisator
	Radaufhängung hinten	Einzelradaufhängung an je vier Lenkern mit LSA-System und Fahrschemel aus Leichtmetall, Schraubenfedern, Zweirohr-Gasdruckstoßdämpfer, Stabilisator
	Lenkung	Zahnstangenlenkung
	Wendekreis in m	10,7
	Bremsanlage	Innenbelüftete und gelochte Bremsscheiben, Vierkolben-Festsättel
	Bremsscheiben in mm	Vorn 322 x 32, hinten 322 x 28
	Felgengrößen in Zoll	8 x 18 / 10 x 18
	Reifendimensionen	225/40ZR18 / 265/35ZR18
MASSE UND GEWICHTE	Länge / Breite / Höhe in mm	4. 245 / 1.735 / 1.270
	Radstand in mm	2.272
	Spur vorn / hinten in mm	1.413 / 1.452
	Leergewicht in kg	1.270
	Kofferraumvolumen in l	93
	Tankinhalt in l	92
LEISTUNGSDATEN	Höchstgeschwindigkeit in km/h	277
	Beschleunigung 0-100 km/h in s	5
	Kraftstoffverbrauch in l/100 km laut Norm	13,8
SONSTIGES	Stückzahl gesamt	1.014
	Preis bei Markteinführung	147.900 Mark, mit Clubsport-Paket 164.700 Mark

911 CARRERA RS CLUBSPORT

MODELL	**BAUREIHE**	**993**
	Verkaufsbezeichnung	911 Carrera RS Coupé Clubsport
	Bauzeit	1995-1996
MOTOR	Bauart	Luftgekühlter Sechszylinder-Boxermotor
	Hubraum in cm^3	3.746
	Bohrung x Hub in mm	102 x 76,4
	Leistung in PS / kW bei U/min	300 / 221 bei 6.500
	Drehmoment in Nm bei U/min	355 bei 5.400
	Ventilsteuerung	DOHC über Doppelkette, 2 Ventile pro Zylinder
	Gemischaufbereitung	Sequenzielle Bosch-Einspritzung
	Verdichtung	11,3:1
KRAFTÜBER-TRAGUNG	Getriebe	Manuelles Sechsgang-Getriebe G50/31
	Übersetzung Gang 1	3,154
	Übersetzung Gang 2	2
	Übersetzung Gang 3	1,522
	Übersetzung Gang 4	1,241
	Übersetzung Gang 5	1,031
	Übersetzung Gang 6	0,829
	Übersetzung Gang 7	
	Übersetzung Rückwärtsgang	2,857
	Übersetzung Achse	3,444
	Sperre Wirkung in %	40 / 65
	Antrieb	Heckantrieb
KAROSSERIE UND FAHRWERK	Radaufhängung vorn	Einzelradaufhängung an McPherson-Federbeinen und Querlenkern aus Leichtmetall mit negativem Rollradius, Schraubenfedern, Zweirohr-Gasdruckstoßdämpfer, Stabilisator
	Radaufhängung hinten	Einzelradaufhängung an je vier Lenkern mit LSA-System und Fahrschemel aus Leichtmetall, Schraubenfedern, Zweirohr-Gasdruckstoßdämpfer, Stabilisator
	Lenkung	Zahnstangenlenkung
	Wendekreis in m	10,7
	Bremsanlage	Innenbelüftete und gelochte Bremsscheiben, Vierkolben-Festsättel
	Bremsscheiben in mm	Vorn 322 x 32, hinten 322 x 28
	Felgengrößen in Zoll	8 x 18 / 10 x 18
	Reifendimensionen	225/40ZR18 / 265/35ZR18
MASSE UND GEWICHTE	Länge / Breite / Höhe in mm	4.245 / 1.735 / 1.270
	Radstand in mm	2.272
	Spur vorn / hinten in mm	1.413 / 1.452
	Leergewicht in kg	1.270
	Kofferraumvolumen in l	93
	Tankinhalt in l	92
LEISTUNGSDATEN	Höchstgeschwindigkeit in km/h	277
	Beschleunigung 0-100 km/h in s	5
	Kraftstoffverbrauch in l/100 km laut Norm	13,8
SONSTIGES	Stückzahl gesamt	227
	Preis bei Markteinführung	164.700 Mark

911 GT3

	BAUREIHE	911 996.1
MODELL	Verkaufsbezeichnung	911 GT3
	Bauzeit	1999-2001
MOTOR	Bauart	Wassergekühlter Sechszylinder-Boxermotor
	Hubraum in cm³	3.600
	Bohrung x Hub in mm	100 x 76,4
	Leistung in PS / kW bei U/min	360 / 265 bei 7.200
	Drehmoment in Nm bei U/min	370 bei 5.000
	Ventilsteuerung	DOHC mit variablen Steuerzeiten (VarioCam) auf der Einlassseite und hydraulischem Ventilspielausgleich, 4 Ventile pro Zylinder
	Gemischaufbereitung	Saugrohreinspritzung
	Verdichtung	11,7:1
KRAFTÜBER-TRAGUNG	Getriebe	Manuelles Sechsgang-Getriebe G96/90
	Übersetzung Gang 1	3,82
	Übersetzung Gang 2	2,15
	Übersetzung Gang 3	1,56
	Übersetzung Gang 4	1,21
	Übersetzung Gang 5	0,97
	Übersetzung Gang 6	0,82
	Übersetzung Gang 7	
	Übersetzung Rückwärtsgang	2,86
	Übersetzung Achse	3,44
	Sperre Wirkung in %	40 / 60
	Antrieb	Heckantrieb
KAROSSERIE UND FAHRWERK	Radaufhängung vorn	Einzelradaufhängung an McPherson-Federbeinen, Quer- und Längslenkern, geteilte Querlenker, Uniball-Stützlager
	Radaufhängung hinten	Einzeln an fünf Lenkern geführte Räder
	Lenkung	Hydraulisch unterstützte Zahnstangenlenkung
	Wendekreis in m	10,6
	Bremsanlage	Hydraulische Anlage, gelochte und innenbelüftete Scheiben, Vierkolben-Alu-Monoblocksättel
	Bremsscheiben in mm	330 x 34 vorn, 330 x 28 hinten
	Felgengrößen in Zoll	8 x 18 / 10 x 18
	Reifendimensionen	225/40ZR18 / 285/30ZR18
MASSE UND GEWICHTE	Länge / Breite / Höhe in mm	4.430 / 1.765 / 1.270
	Radstand in mm	2.350
	Spur vorn / hinten in mm	1.475 / 1.495
	Leergewicht in kg	1.350
	Kofferraumvolumen in l	110
	Tankinhalt in l	89 (Rechtslenker: 64)
LEISTUNGSDATEN	Höchstgeschwindigkeit in km/h	302
	Beschleunigung 0-100 km/h in s	4,8
	Kraftstoffverbrauch in l/100 km laut Norm	12,9
SONSTIGES	Stückzahl gesamt	1.868
	Preis bei Markteinführung	179.500 Mark

911 GT3

MODELL	**BAUREIHE**	**911 996.2**
	Verkaufsbezeichnung	911 GT3
	Bauzeit	2003-2005
MOTOR	Bauart	Wassergekühlter Sechszylinder-Boxermotor
	Hubraum in cm^3	3.600
	Bohrung x Hub in mm	100 x 76,4
	Leistung in PS / kW bei U/min	381 / 280 bei 7.400
	Drehmoment in Nm bei U/min	385 bei 5.000
	Ventilsteuerung	DOHC mit variablen Steuerzeiten (VarioCam) auf der Einlassseite und hydraulischem Ventilspielausgleich, 4 Ventile pro Zylinder
	Gemischaufbereitung	Saugrohreinspritzung
	Verdichtung	11,7:1
KRAFTÜBERTRAGUNG	Getriebe	Manuelles Sechsgang-Getriebe G96/96
	Übersetzung Gang 1	3,82
	Übersetzung Gang 2	2,15
	Übersetzung Gang 3	1,56
	Übersetzung Gang 4	1,21
	Übersetzung Gang 5	1,00
	Übersetzung Gang 6	0,85
	Übersetzung Gang 7	
	Übersetzung Rückwärtsgang	2,86
	Übersetzung Achse	3,44
	Sperre Wirkung in %	40 / 60
	Antrieb	Heckantrieb
KAROSSERIE UND FAHRWERK	Radaufhängung vorn	Einzelradaufhängung an McPherson-Federbeinen, Quer- und Längslenkern, geteilte Querlenker, Uniball-Stützlager
	Radaufhängung hinten	Einzeln an fünf Lenkern geführte Räder
	Lenkung	Hydraulisch unterstützte Zahnstangenlenkung
	Wendekreis in m	10,6
	Bremsanlage	Hydraulische Anlage, gelochte und innenbelüftete Scheiben, Sechskolben-Alu-Monoblocksättel vorn, Vierkolben-Alu-Monoblocksättel hinten
	Bremsscheiben in mm	350 x 34 vorn, 330 x 28 hinten
	Felgengrößen in Zoll	8 1/2 x 18 / 11 x 18
	Reifendimensionen	234/40ZR18 / 295/30ZR18
MASSE UND GEWICHTE	Länge / Breite / Höhe in mm	4.435 / 1.770 / 1.275
	Radstand in mm	2.355
	Spur vorn / hinten in mm	1.488 / 1.488
	Leergewicht in kg	1.380
	Kofferraumvolumen in l	110
	Tankinhalt in l	89 (Rechtslenker: 64)
LEISTUNGSDATEN	Höchstgeschwindigkeit in km/h	302
	Beschleunigung 0-100 km/h in s	4,8
	Kraftstoffverbrauch in l/100 km laut Norm	12,9
SONSTIGES	Stückzahl gesamt	2.589
	Preis bei Markteinführung	102.112 Euro

911 GT3 RS

	BAUREIHE	911 996.2
MODELL	Verkaufsbezeichnung	911 GT3 RS
	Bauzeit	2003-2004
MOTOR	Bauart	Wassergekühlter Sechszylinder-Boxermotor
	Hubraum in cm^3	3.600
	Bohrung x Hub in mm	100 x 76,4
	Leistung in PS / kW bei U/min	381 / 280 bei 7.400
	Drehmoment in Nm bei U/min	385 bei 5.000
	Ventilsteuerung	DOHC mit variablen Steuerzeiten (VarioCam) auf der Einlassseite und hydraulischem Ventilspielausgleich, 4 Ventile pro Zylinder
	Gemischaufbereitung	Saugrohreinspritzung
	Verdichtung	11,7:1
KRAFTÜBER-TRAGUNG	Getriebe	Manuelles Sechsgang-Getriebe G96/96
	Übersetzung Gang 1	3,82
	Übersetzung Gang 2	2,15
	Übersetzung Gang 3	1,56
	Übersetzung Gang 4	1,21
	Übersetzung Gang 5	1,00
	Übersetzung Gang 6	0,85
	Übersetzung Gang 7	
	Übersetzung Rückwärtsgang	2,86
	Übersetzung Achse	3,44
	Sperre Wirkung in %	40 / 60
	Antrieb	Heckantrieb
KAROSSERIE UND FAHRWERK	Radaufhängung vorn	Einzelradaufhängung an McPherson-Federbeinen, Quer- und Längslenkern, geteilte Querlenker, Uniball-Stützlager
	Radaufhängung hinten	Einzeln an fünf Lenkern geführte Räder
	Lenkung	Hydraulisch unterstützte Zahnstangenlenkung
	Wendekreis in m	10,6
	Bremsanlage	Hydraulische Anlage, gelochte und innenbelüftete Scheiben, Sechskolben-Alu-Monoblocksättel vorn, Vierkolben-Alu-Monoblocksättel hinten
	Bremsscheiben in mm	350 x 34 vorn, 330 x 28 hinten
	Felgengrößen in Zoll	9 1/2 x 18 / 11 x 18
	Reifendimensionen	235/40ZR18 / 295/30ZR18
MASSE UND GEWICHTE	Länge / Breite / Höhe in mm	4.435 / 1.770 / 1.275
	Radstand in mm	2.355
	Spur vorn / hinten in mm	1.485 / 1.495
	Leergewicht in kg	1.360
	Kofferraumvolumen in l	110
	Tankinhalt in l	89 (Rechtslenker: 64)
LEISTUNGSDATEN	Höchstgeschwindigkeit in km/h	306
	Beschleunigung 0-100 km/h in s	4,4
	Kraftstoffverbrauch in l/100 km laut Norm	12,9
SONSTIGES	Stückzahl gesamt	682
	Preis bei Markteinführung	120.788 Euro

911 GT3 RS

	BAUREIHE	911 997.1
MODELL	Verkaufsbezeichnung	911 GT3 RS
	Bauzeit	2005-2008
MOTOR	Bauart	Wassergekühlter Sechszylinder-Boxermotor
	Hubraum in cm^3	3.600
	Bohrung x Hub in mm	100 x 76,4
	Leistung in PS / kW bei U/min	415 / 305 bei 7.600
	Drehmoment in Nm bei U/min	405 bei 5.500
	Ventilsteuerung	DOHC mit variablen Steuerzeiten (VarioCam) und hydraulischem Ventilspielausgleich, 4 Ventile pro Zylinder
	Gemischaufbereitung	Saugrohreinspritzung
	Verdichtung	12,0:1
KRAFTÜBERTRAGUNG	Getriebe	Manuelles Sechsgang-Getriebe M97/77 oder M97/77R
	Übersetzung Gang 1	3,82
	Übersetzung Gang 2	2,26
	Übersetzung Gang 3	1,64
	Übersetzung Gang 4	1,29
	Übersetzung Gang 5	1,06
	Übersetzung Gang 6	0,92
	Übersetzung Gang 7	
	Übersetzung Rückwärtsgang	2,86
	Übersetzung Achse	3,44
	Sperre Wirkung in %	28 / 40
	Antrieb	Heckantrieb
KAROSSERIE UND FAHRWERK	Radaufhängung vorn	Einzelradaufhängung an McPherson-Federbeinen, Quer- und Längslenkern, geteilte Querlenker, aktiv geregelte Zweirohr-Gasdruckstoßdämpfer (PASM)
	Radaufhängung hinten	Einzeln an fünf Lenkern geführte Räder, geteilte Querlenker, aktiv geregelte Einrohr-Gasdruckstoßdämpfer (PASM)
	Lenkung	Hydraulisch unterstützte Zahnstangenlenkung
	Wendekreis in m	10,9
	Bremsanlage	Hydraulische Anlage, gelochte und innenbelüftete Scheiben, Sechskolben-Alu-Monoblocksättel vorn, Vierkolben-Alu-Monoblocksättel hinten
	Bremsscheiben in mm	350 x 34 vorn, 350 x 34 hinten
	Felgengrößen in Zoll	8,5 x 19 / 12 x 19
	Reifendimensionen	235/35ZR19 / 305/30ZR19
MASSE UND GEWICHTE	Länge / Breite / Höhe in mm	4.460 / 1.852 / 1.280
	Radstand in mm	2.360
	Spur vorn / hinten in mm	1.497 / 1.558
	Leergewicht in kg	1.375
	Kofferraumvolumen in l	105
	Tankinhalt in l	90
LEISTUNGSDATEN	Höchstgeschwindigkeit in km/h	310
	Beschleunigung 0-100 km/h in s	4,2
	Kraftstoffverbrauch in l/100 km laut Norm	12,8
SONSTIGES	Stückzahl gesamt	1.909
	Preis bei Markteinführung	133.012 Euro

911 GT3 RS

MODELL	**BAUREIHE**	**911 997.2**
	Verkaufsbezeichnung	911 GT3 RS
	Bauzeit	2009-2011
MOTOR	Bauart	Wassergekühlter Sechszylinder-Boxermotor
	Hubraum in cm³	3.797
	Bohrung x Hub in mm	102,7 x 76,4
	Leistung in PS / kW bei U/min	450 / 331 bei 7.900
	Drehmoment in Nm bei U/min	430 bei 6.750
	Ventilsteuerung	DOHC mit variablen Steuerzeiten sowie Ventilhubumschaltung (VarioCam Plus) sowie hydraulischer Ventilspielausgleich, 4 Ventile pro Zylinder
	Gemischaufbereitung	Saugrohreinspritzung
	Verdichtung	12,2:1
KRAFTÜBERTRAGUNG	Getriebe	Manuelles Sechsgang-Getriebe M97/77 oder M97/77R
	Übersetzung Gang 1	3,82
	Übersetzung Gang 2	2,26
	Übersetzung Gang 3	1,64
	Übersetzung Gang 4	1,29
	Übersetzung Gang 5	1,06
	Übersetzung Gang 6	0,88
	Übersetzung Gang 7	
	Übersetzung Rückwärtsgang	2,86
	Übersetzung Achse	3,89
	Sperre Wirkung in %	28 / 40
	Antrieb	Heckantrieb
KAROSSERIE UND FAHRWERK	Radaufhängung vorn	Einzelradaufhängung an McPherson-Federbeinen, Quer- und Längslenkern, Schmiedequerlenker, Uniball-Stützlager, aktiv geregelte Zweirohr-Gasdruckstoßdämpfer (PASM)
	Radaufhängung hinten	Einzeln an fünf Lenkern geführte Räder, geteilte Querlenker, aktiv geregelte Einrohr-Gasdruckdämpfer (PASM)
	Lenkung	Hydraulisch unterstützte Zahnstangenlenkung
	Wendekreis in m	10,9
	Bremsanlage	Hydraulische Anlage, gelochte und innenbelüftete Scheiben, Sechskolben-Alu-Monoblocksättel vorn, Vierkolben-Alu-Monoblocksättel hinten
	Bremsscheiben in mm	380 x 34 vorn, 350 x 28 hinten
	Felgengrößen in Zoll	9 x 19 / 12 x 19
	Reifendimensionen	245/35ZR19 / 325/30ZR19
MASSE UND GEWICHTE	Länge / Breite / Höhe in mm	4.460 / 1.852 / 1.280
	Radstand in mm	2.355
	Spur vorn / hinten in mm	1.509 / 1.554
	Leergewicht in kg	1.370
	Kofferraumvolumen in l	105
	Tankinhalt in l	67 (optional: 90)
LEISTUNGSDATEN	Höchstgeschwindigkeit in km/h	310
	Beschleunigung 0-100 km/h in s	4
	Kraftstoffverbrauch in l/100 km laut Norm	13,2
SONSTIGES	Stückzahl gesamt	1.619
	Preis bei Markteinführung	145.871 Euro

911 GT3 RS 4.0

MODELL	**BAUREIHE**	**911 997.2**
	Verkaufsbezeichnung	911 GT3 RS 4.0
	Bauzeit	2011
MOTOR	Bauart	Wassergekühlter Sechszylinder-Boxermotor
	Hubraum in cm^3	3.996
	Bohrung x Hub in mm	102,7 x 80,4
	Leistung in PS / kW bei U/min	500 / 368 bei 8.250
	Drehmoment in Nm bei U/min	460 bei 5.750
	Ventilsteuerung	DOHC mit ein- und auslassseitig variablen Steuerzeiten (VarioCam) und hydraulischem Ventilspielausgleich, 4 Ventile pro Zylinder
	Gemischaufbereitung	Saugrohreinspritzung
	Verdichtung	12,6:1
KRAFTÜBERTRAGUNG	Getriebe	Manuelles Sechsgang-Getriebe M97/74
	Übersetzung Gang 1	3,82
	Übersetzung Gang 2	2,26
	Übersetzung Gang 3	1,64
	Übersetzung Gang 4	1,29
	Übersetzung Gang 5	1,06
	Übersetzung Gang 6	0,88
	Übersetzung Gang 7	
	Übersetzung Rückwärtsgang	2,86
	Übersetzung Achse	3,89
	Sperre Wirkung in %	28 / 40
	Antrieb	Heckantrieb
KAROSSERIE UND FAHRWERK	Radaufhängung vorn	Einzelradaufhängung an McPherson-Federbeinen, Quer- und Längslenkern, Schmiedequerlenker, Uniball-Stützlager, aktiv geregelte Zweirohr-Gasdruckstoßdämpfer (PASM)
	Radaufhängung hinten	Einzeln an fünf Lenkern geführte Räder, geteilte Querlenker, aktiv geregelte Einrohr-Gasdruckdämpfer (PASM)
	Lenkung	Hydraulisch unterstützte Zahnstangenlenkung
	Wendekreis in m	10,9
	Bremsanlage	Hydraulische Anlage, gelochte und innenbelüftete Scheiben, Sechskolben-Alu-Monoblocksättel vorn, Vierkolben-Alu-Monoblocksättel hinten
	Bremsscheiben in mm	380 x 34 vorn, 350 x 28 hinten
	Felgengrößen in Zoll	9 x 19 / 12 x 19
	Reifendimensionen	245/35ZR19 / 325/30ZR19
MASSE UND GEWICHTE	Länge / Breite / Höhe in mm	4.460 / 1.852 / 1.280
	Radstand in mm	2.355
	Spur vorn / hinten in mm	1.509 / 1.554
	Leergewicht in kg	1.360
	Kofferraumvolumen in l	105
	Tankinhalt in l	67 (optional: 90)
LEISTUNGSDATEN	Höchstgeschwindigkeit in km/h	310
	Beschleunigung 0-100 km/h in s	3,9
	Kraftstoffverbrauch in l/100 km laut Norm	13,8
SONSTIGES	Stückzahl gesamt	613
	Preis bei Markteinführung	178.596 Euro

911 GT2 RS

MODELL	**BAUREIHE**	**911 997.2**
	Verkaufsbezeichnung	911 GT2 RS
	Bauzeit	2010 – 2011
MOTOR	Bauart	Wassergekühlter Sechszylinder-Boxermotor
	Hubraum in cm^3	3.600
	Bohrung x Hub in mm	100 x 76,4
	Leistung in PS / kW bei U/min	620 / 456 bei 6.500
	Drehmoment in Nm bei U/min	700 bei 2.250-5.500
	Ventilsteuerung	DOHC mit einlassseitig variablen Steuerzeiten und Ventilhubumschaltung (VarioCam Plus) und hydraulischem Ventilspielausgleich, 4 Ventile pro Zylinder
	Gemischaufbereitung	Biturbo-Aufladung mit zwei VTG-Ladern, Expansionssauganlage, Saugrohreinspritzung
	Verdichtung	9,0:1
KRAFTÜBER-TRAGUNG	Getriebe	Manuelles Sechsgang-Getriebe M97/70S
	Übersetzung Gang 1	3,15
	Übersetzung Gang 2	1,89
	Übersetzung Gang 3	1,4
	Übersetzung Gang 4	1,09
	Übersetzung Gang 5	0,89
	Übersetzung Gang 6	0,73
	Übersetzung Gang 7	
	Übersetzung Rückwärtsgang	2,86
	Übersetzung Achse	3,44
	Sperre Wirkung in %	28 / 40
	Antrieb	Heckantrieb
KAROSSERIE UND FAHRWERK	Radaufhängung vorn	Einzelradaufhängung an McPherson-Federbeinen, Quer- und Längslenkern, geteilte Querlenker, Schraubenfedern mit Helper-Springs, Uniball-Stützlager, aktiv geregelte Zweirohr-Gasdruckstoßdämpfer (PASM)
	Radaufhängung hinten	Einzeln an fünf Lenkern geführte Räder, geteilte Querlenker, Schraubenfedern mit Helper-Springs, aktiv geregelte Einrohr-Gasdruckstoßdämpfer (PASM)
	Lenkung	Hydraulisch unterstützte Zahnstangenlenkung
	Wendekreis in m	10,9
	Bremsanlage	Hydraulische Anlage, gelochte und innenbelüftete Karbon-Keramik-Scheiben (PCCB) mit Bremstopf aus Aluminium, Sechskolben-Alu-Monoblocksättel vorn, Vierkolben-Alu-Monoblocksättel hinten
	Bremsscheiben in mm	380 x 34 vorn, 350 x 28 hinten
	Felgengrößen in Zoll	9 x 19 / 12 x 19
	Reifendimensionen	245/35ZR19 / 325/30ZR19
MASSE UND GEWICHTE	Länge / Breite / Höhe in mm	4.469 / 1.852 / 1.285
	Radstand in mm	2.350
	Spur vorn / hinten in mm	1.509 / 1.554
	Leergewicht in kg	1.370
	Kofferraumvolumen in l	105
	Tankinhalt in l	90
LEISTUNGSDATEN	Höchstgeschwindigkeit in km/h	330
	Beschleunigung 0-100 km/h in s	3,5
	Kraftstoffverbrauch in l/100 km laut Norm	11,9
SONSTIGES	Stückzahl gesamt	510
	Preis bei Markteinführung	237.578 Euro

911 GT3 RS

	BAUREIHE	911 991.1
MODELL	Verkaufsbezeichnung	911 GT3 RS
	Bauzeit	2015-2016
MOTOR	Bauart	Wassergekühlter Sechszylinder-Boxermotor
	Hubraum in cm^3	3.996
	Bohrung x Hub in mm	102 x 81,5
	Leistung in PS / kW bei U/min	500 / 368 bei 8.250
	Drehmoment in Nm bei U/min	460 bei 6.250
	Ventilsteuerung	DOHC mit variablen Steuerzeiten (VarioCam) an Ein- und Auslassseite sowie hydraulischer Ventilspielausgleich, 4 Ventile pro Zylinder
	Gemischaufbereitung	Benzindirekteinspritzung
	Verdichtung	12,9:1
KRAFTÜBERTRAGUNG	Getriebe	Siebengang-Doppelkupplungsgetriebe (PDK)
	Übersetzung Gang 1	3,75
	Übersetzung Gang 2	2,38
	Übersetzung Gang 3	1,72
	Übersetzung Gang 4	1,34
	Übersetzung Gang 5	1,11
	Übersetzung Gang 6	0,96
	Übersetzung Gang 7	0,84
	Übersetzung Rückwärtsgang	3,42
	Übersetzung Achse	4,19
	Sperre Wirkung in %	Geregelte Hinterachs-Quersperre
	Antrieb	Heckantrieb
KAROSSERIE UND FAHRWERK	Radaufhängung vorn	Einzelradaufhängung an McPherson-Federbeinen, Quer- und Längslenkern, aktiv geregelte Zweirohr-Gasdruckstoßdämpfer (PASM)
	Radaufhängung hinten	Einzeln an fünf Lenkern geführte Räder, geteilte Querlenker, aktiv geregelte Einrohr-Gasdruckstoßdämpfer (PASM)
	Lenkung	Elektromechanische Servolenkung mit variabler Lenkübersetzung, Hinterachslenkung
	Wendekreis in m	11,1
	Bremsanlage	Hydraulische Anlage, gelochte und innenbelüftete Scheiben rundum, Sechskolben-Alu-Monoblocksättel vorn, Vierkolben-Alu-Monoblocksättel hinten
	Bremsscheiben in mm	380 x 34 vorn, 380 x 30 hinten
	Felgengrößen in Zoll	9,5 J x 20 / 12,5 J x 21
	Reifendimensionen	265/35ZR20 / 325/30ZR21
MASSE UND GEWICHTE	Länge / Breite / Höhe in mm	4.545 / 1.880 / 1.291
	Radstand in mm	2.457
	Spur vorn / hinten in mm	1.587 / 1.557
	Leergewicht in kg	1.420
	Kofferraumvolumen in l	125 vorn, 260 hinten
	Tankinhalt in l	64 (optional: 90)
LEISTUNGSDATEN	Höchstgeschwindigkeit in km/h	310
	Beschleunigung 0-100 km/h in s	3,3
	Kraftstoffverbrauch in l/100 km laut Norm	12,7
SONSTIGES	Stückzahl gesamt	6.128
	Preis bei Markteinführung	181.690 Euro

911 GT3 RS

MODELL	**BAUREIHE**	**911 991.2**
	Verkaufsbezeichnung	911 GT3 RS
	Bauzeit	2018-2019
MOTOR	Bauart	Wassergekühlter Sechszylinder-Boxermotor
	Hubraum in cm^3	3.996
	Bohrung x Hub in mm	102 x 81,5
	Leistung in PS / kW bei U/min	520 / 383 bei 8.400
	Drehmoment in Nm bei U/min	470 bei 6.250
	Ventilsteuerung	DOHC mit variablen Steuerzeiten (VarioCam) an Ein- und Auslassseite sowie starrer Ventiltrieb, 4 Ventile pro Zylinder
	Gemischaufbereitung	Benzindirekteinspritzung
	Verdichtung	13,3:1
KRAFTÜBERTRAGUNG	Getriebe	Siebengang-Doppelkupplungsgetriebe (PDK)
	Übersetzung Gang 1	3,75
	Übersetzung Gang 2	2,38
	Übersetzung Gang 3	1,72
	Übersetzung Gang 4	1,34
	Übersetzung Gang 5	1,11
	Übersetzung Gang 6	0,96
	Übersetzung Gang 7	0,84
	Übersetzung Rückwärtsgang	3,42
	Übersetzung Achse	4,19
	Sperre Wirkung in %	Geregelte Hinterachs-Quersperre
	Antrieb	Heckantrieb
KAROSSERIE UND FAHRWERK	Radaufhängung vorn	Einzelradaufhängung an McPherson-Federbeinen, Quer- und Längslenkern, Uniball-Lager, aktiv geregelte Zweirohr-Gasdruckstoßdämpfer (PASM)
	Radaufhängung hinten	Einzeln an fünf Lenkern geführte Räder, geteilte Querlenker, Uniball-Lager, aktiv geregelte Einrohr-Gasdruckstoßdämpfer (PASM)
	Lenkung	Elektromechanische Servolenkung mit variabler Lenkübersetzung, Hinterachslenkung
	Wendekreis in m	11,1
	Bremsanlage	Hydraulische Anlage, gelochte und innenbelüftete Scheiben rundum, Sechskolben-Alu-Monoblocksättel vorn, Vierkolben-Alu-Monoblocksättel hinten
	Bremsscheiben in mm	380 x 34 vorn, 380 x 30 hinten
	Felgengrößen in Zoll	9,5 J x 20 / 12,5 J x 21
	Reifendimensionen	265/35ZR20 / 325/30ZR21
MASSE UND GEWICHTE	Länge / Breite / Höhe in mm	4.557 / 1.880 / 1.279
	Radstand in mm	2.453
	Spur vorn / hinten in mm	1.588 / 1.557
	Leergewicht in kg	1.425
	Kofferraumvolumen in l	125
	Tankinhalt in l	64 (optional: 90)
LEISTUNGSDATEN	Höchstgeschwindigkeit in km/h	312
	Beschleunigung 0-100 km/h in s	3,2
	Kraftstoffverbrauch in l/100 km laut Norm	13,2
SONSTIGES	Stückzahl gesamt	5.517
	Preis bei Markteinführung	195.137 Euro

911 GT2 RS

MODELL	BAUREIHE	911 991.2
	Verkaufsbezeichnung	911 GT2 RS
	Bauzeit	2017-2018
MOTOR	Bauart	Wassergekühlter Sechszylinder-Boxermotor
	Hubraum in cm^3	3.800
	Bohrung x Hub in mm	102 x 77,5
	Leistung in PS / kW bei U/min	700 / 515 bei 7.000
	Drehmoment in Nm bei U/min	750 bei 2.500-4.500
	Ventilsteuerung	DOHC mit einlassseitig variablen Steuerzeiten und Ventilhubumschaltung (VarioCam Plus) sowie hydraulischem Ventilspielausgleich, 4 Ventile pro Zylinder
	Gemischaufbereitung	Biturbo-Aufladung mit zwei VTG-Ladern, Direkteinspritzung
	Verdichtung	9,0:1
KRAFTÜBER-TRAGUNG	Getriebe	Siebengang-Doppelkupplungsgetriebe (PDK)
	Übersetzung Gang 1	3,91
	Übersetzung Gang 2	2,29
	Übersetzung Gang 3	1,58
	Übersetzung Gang 4	1,18
	Übersetzung Gang 5	0,94
	Übersetzung Gang 6	0,79
	Übersetzung Gang 7	0,67
	Übersetzung Rückwärtsgang	3,55
	Übersetzung Achse	3,96
	Sperre Wirkung in %	Geregelte Hinterachs-Quersperre
	Antrieb	Heckantrieb
KAROSSERIE UND FAHRWERK	Radaufhängung vorn	Einzelradaufhängung an McPherson-Federbeinen, Quer- und Längslenkern, Uniball-Lager, aktiv geregelte Zweirohr-Gasdruckstoßdämpfer (PASM)
	Radaufhängung hinten	Einzeln an fünf Lenkern geführte Räder, geteilte Querlenker, Uniball-Lager; aktiv geregelte Einrohr-Gasdruckstoßdämpfer (PASM)
	Lenkung	Elektromechanische Servolenkung mit variabler Lenkübersetzung, Hinterachslenkung
	Wendekreis in m	11,1
	Bremsanlage	Hydraulische Anlage, gelochte und innenbelüftete Karbon-Keramik-Scheiben (PCCB) mit Bremstopf aus Aluminium, Sechskolben-Alu-Monoblocksättel vorn, Vierkolben-Alu-Monoblocksättel hinten
	Bremsscheiben in mm	410 x 36 vorn, 390 x 32 hinten
	Felgengrößen in Zoll	9,5 x 20 / 12,5 x 21
	Reifendimensionen	265 / 35ZR20 / 325 / 30ZR21
MASSE UND GEWICHTE	Länge / Breite / Höhe in mm	4.549 / 1.880 / 1.297
	Radstand in mm	2.435
	Spur vorn / hinten in mm	1.588 / 1.557
	Leergewicht in kg	1.470
	Kofferraumvolumen in l	115
	Tankinhalt in l	64 (optional: 90)
LEISTUNGSDATEN	Höchstgeschwindigkeit in km/h	340
	Beschleunigung 0-100 km/h in s	2,8
	Kraftstoffverbrauch in l/100 km laut Norm	11,8
SONSTIGES	Stückzahl gesamt	4.094
	Preis bei Markteinführung	285.220 Euro

911 GT3 RS

MODELL	**BAUREIHE**	**911 992**
	Verkaufsbezeichnung	911 GT3 RS
	Bauzeit	Ab 2022
MOTOR	Bauart	Wassergekühlter Sechszylinder-Boxermotor
	Hubraum in cm^3	3.996
	Bohrung x Hub in mm	102 x 81,5
	Leistung in PS / kW bei U/min	525 / 386 bei 8.500
	Drehmoment in Nm bei U/min	465 bei 6.300
	Ventilsteuerung	DOHC mit variablen Steuerzeiten (VarioCam) an Ein- und Auslassseite und starrem Ventiltrieb, 4 Ventile pro Zylinder
	Gemischaufbereitung	Benzindirekteinspritzung
	Verdichtung	13,3:1
KRAFTÜBER-TRAGUNG	Getriebe	Siebengang-Doppelkupplungsgetriebe (PDK)
	Übersetzung Gang 1	3,75
	Übersetzung Gang 2	2,38
	Übersetzung Gang 3	1,72
	Übersetzung Gang 4	1,34
	Übersetzung Gang 5	1,11
	Übersetzung Gang 6	0,96
	Übersetzung Gang 7	0,84
	Übersetzung Rückwärtsgang	3,42
	Übersetzung Achse	4,27
	Sperre Wirkung in %	Geregelte Hinterachs-Quersperre
	Antrieb	Heckantrieb
KAROSSERIE UND FAHRWERK	Radaufhängung vorn	Einzelradaufhängung an Doppelquerlenkern, tropfenförmige Querlenker, alle Lager mit Uniball, aktiv geregelte Stoßdämpfer (PASM)
	Radaufhängung hinten	Einzeln an fünf Lenkern geführte Räder, geteilte Querlenker, alle Fahwerklager mit Uniball; aktive geregelte Einrohr-Gasdruckdämpfer (PASM)
	Lenkung	Elektromechanische Servolenkung mit variabler Lenkübersetzung, Hinteraachslenkung
	Wendekreis in m	10,5
	Bremsanlage	Hydraulische Anlage, gelochte und innenbelüftete Scheiben rundum, Sechskolben-Alu-Monoblocksättel vorne, 4 Kolben Alu-Monoblocksättel hinten
	Bremsscheiben in mm	408 x 36 vorn; 380 x 30 mm hinten
	Felgengrößen in Zoll	10x20 / 13x21
	Reifendimensionen	275 / 35ZR20 / 335 /30ZR21
MASSE UND GEWICHTE	Länge / Breite / Höhe in mm	4.572 / 1.900 / 1.322
	Radstand in mm	2.457
	Spur vorn / hinten in mm	1.630/1.582
	Leergewicht in kg	1.450
	Kofferraumvolumen in l	-
	Tankinhalt in l	64 l (optional: 90 l)
LEISTUNGSDATEN	Höchstgeschwindigkeit in km/h	296
	Beschleunigung 0-100 km/h in s	3,2
	Kraftstoffverbrauch in l/100 km laut Norm	13,4
SONSTIGES	Stückzahl gesamt	In Produktion
	Preis bei Markteinführung	229.517 Euro

AB 2022

FÜR DEN GESAMTEN
MYTHOS PORSCHE
PORSCHE FAHRER
PORSCHE
FAHRER
GEWINN SPIEL
mit Preisen im Wert von über 3000€
992
GT3 RS
HÄRTER, STÄRKER, WILDER
Elfer für den Export
964 RS America
Erster seiner Art
996 GT3 RS Prototyp
Vier sind wieder wer
40 Jahre 944
Jetzt testen:
Probeabo mit 2 Ausgaben
Nur 9,90 €
Versandkostenfrei (im Inland)
Inkl. Porsche-Modellauto!
Infos zum Magazin, News aus Zuffenhausen,
Gewinnspiele und Bestellmöglichkeit
unter www.porsche-fahrer.de
ALLE 2 MONATE NEU